明日科技 ◎著

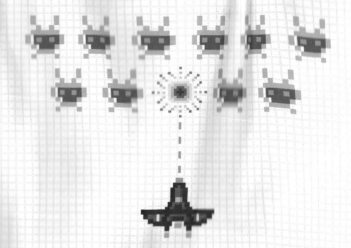

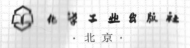

内容简介

《Python游戏开发从入门到进阶实战》全面介绍了使用Pygame模块进行Python游戏开发的知识，可帮助读者快速掌握Python+Pygame开发的技能。

全书共15章，分为基础篇和案例篇。其中基础篇介绍了Python和Pygame基础、Pygame程序开发流程、Pygame游戏开发基础、字体和文字、事件监听、图形绘制、位图图像的使用、音频处理等内容；案例篇主要以Flappy Bird、玛丽冒险、推箱子、飞机大战、拼图、画图工具的设计过程与代码实现为主。

为营造轻松的学习氛围，在内容设置上，我们将Python游戏开发相关知识进行分解，融入到案例中，以减轻读者的学习压力，同时实现快速上手。

本书不仅适合对游戏开发感兴趣的初学者学习使用，还适合初中级游戏开发人员以及游戏运维人员参考。

图书在版编目（CIP）数据

Python游戏开发从入门到进阶实战 / 明日科技编著. —北京：化学工业出版社，2023.10
ISBN 978-7-122-43784-6

Ⅰ.①P… Ⅱ.①明… Ⅲ.①游戏程序-程序设计-教材 Ⅳ.①TP317.6

中国国家版本馆CIP数据核字（2023）第124998号

责任编辑：张 赛 翟利娜	文字编辑：袁玉玉 袁 宁
责任校对：刘 一	装帧设计：王晓宇

出版发行：化学工业出版社（北京市东城区青年湖南街13号　邮政编码100011）
印　　装：天津裕同印刷有限公司
710mm×1000mm　1/16　印张18　字数346千字　2024年4月北京第1版第1次印刷

购书咨询：010-64518888　　　　　　　　　　　售后服务：010-64518899
网　　址：http://www.cip.com.cn

凡购买本书，如有缺损质量问题，本社销售中心负责调换。

定　价：98.00元　　　　　　　　　　　　　　　　　　　　版权所有　违者必究

Python 是当前十分热门的编程语言，它的应用范围非常广泛，除了人工智能、数据分析等领域，它在 Web 开发、游戏开发等领域也非常受欢迎。

随着相关技术的不断发展，想开发一款游戏，对于普通的爱好者来讲，已不再是什么难事了。特别是在游戏行业大受欢迎的当代，无论是对游戏编程感兴趣的爱好者，还是正在从事游戏开发的人员，都对游戏行业有着无限的憧憬。但 Python 游戏开发相关资料十分繁杂，让很多有志于从事 Python 游戏开发的初学者望而却步，因此，我们特意编写了本书。

本书内容

全书共分为 15 章，主要通过"基础篇（9 章）+ 案例篇（6 章）"帮助大家学习和掌握 Python 和 Pygame 的开发技巧，本书具体的学习结构如下图所示：

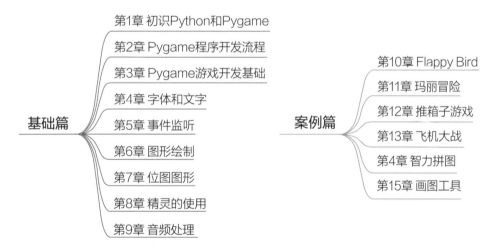

本书特色

（1）突出重点、学以致用

书中每个知识点都结合了简单易懂的示例代码以及非常详细的注释信息，力求使读者能够快速理解所学知识，缩短学习路径，提升学习效率。

（2）提升思维、综合运用

本书以知识点综合运用的方式，带领读者制作各种趣味性较强的游戏案例，让读者不仅可以不断提升编写 Python 游戏的思维能力，还可以快速提升对知识点的综合运用能力，让读者能够回顾以往所学的知识点，并结合新的知识点进行综合应用。

（3）精彩栏目、贴心提示

本书根据实际学习的需要，设置了"注意""说明""技巧"等许多贴心的栏目，可帮助读者轻松理解所学知识。

本书读者对象

① 对游戏开发感兴趣的编程爱好者；

② 相关培训机构的老师和学生；

③ 大中专院校的老师和学生；

④ 初中级游戏开发人员，以及测试和运维人员。

读者服务

为方便解答读者在学习本书过程中遇到的疑难问题及提供更多图书配套资源，我们将提供在线技术指导和社区服务，服务方式如下：

✓ 质量反馈信箱：mingrisoft@mingrisoft.com。

✓ 售后服务电话：4006751066。

✓ QQ 群：337212027。

致读者

本书由明日科技的 Python 开发团队策划并组织编写，主要编写人员有王小科、李磊、高春艳、张鑫、赵宁、周佳星、王国辉、赛奎春、葛忠月、宋万勇、杨丽、刘媛媛、依莹莹等。在编写本书的过程中，我们本着科学、严谨的态度，力求精益求精，但疏漏之处在所难免，敬请广大读者批评斧正。

感谢您阅读本书，希望本书能成为您编程路上的领航者。

祝您读书快乐！

编　者

2024 年 2 月

 第1篇 基础篇

第1章 初识Python和Pygame ·········· 001
  1.1 了解Python ·········· 002
     1.1.1 Python概述 ·········· 002
     1.1.2 Python能做什么 ·········· 002
  1.2 Pygame简介 ·········· 003
     1.2.1 Pygame的由来 ·········· 003
     1.2.2 Pygame能做什么 ·········· 003
     1.2.3 Pygame常用子模块介绍 ·········· 004
  1.3 相关工具的下载与环境配置 ·········· 005
  1.4 第一个Pygame程序 ·········· 005
     实例1.1 使用Pygame模块显示"Hello Pygame World" ·········· 005
  1.5 实战练习 ·········· 006

第2章 Pygame程序开发流程 ·········· 007
  2.1 Pygame程序开发的基本流程 ·········· 007
     2.1.1 导入Pygame模块 ·········· 008
     2.1.2 初始化Pygame ·········· 008
     实例2.1 演示pygame.init()的使用 ·········· 009
     2.1.3 创建Pygame窗口 ·········· 009
     实例2.2 演示Pygame窗口模式的切换 ·········· 010
     2.1.4 窗口图像渲染——Surface对象 ·········· 012
     2.1.5 设置游戏窗口状态 ·········· 015

- 2.2　Pygame最小开发框架 ………………………………………… 016
- 2.3　综合案例——绘制拼图游戏界面 …………………………… 018
- 2.4　实战练习 ………………………………………………………… 019

第3章　Pygame游戏开发基础 …………………………………… 020

- 3.1　像素和pygame.Color对象 ……………………………………… 020
  - 实例3.1　展示所有颜色 ……………………………………… 022
- 3.2　Pygame中的透明度 …………………………………………… 023
  - 3.2.1　像素透明度 ………………………………………………… 023
  - 实例3.2　测试像素透明度 ……………………………………… 024
  - 3.2.2　颜色值透明度 ……………………………………………… 026
  - 实例3.3　测试颜色值透明度 …………………………………… 026
  - 3.2.3　图像透明度 ………………………………………………… 027
- 3.3　窗口坐标系与pygame.Rect对象 ……………………………… 028
  - 3.3.1　窗口坐标系 ………………………………………………… 028
  - 3.3.2　pygame.Rect对象 ………………………………………… 028
- 3.4　控制帧速率 ……………………………………………………… 029
  - 3.4.1　非精确控制——Clock().tick() …………………………… 029
  - 3.4.2　精确控制——Clock().tick_busy_loop() ………………… 030
- 3.5　向量在Pygame中的使用 ……………………………………… 030
  - 3.5.1　向量的介绍 ………………………………………………… 030
  - 3.5.2　向量的使用 ………………………………………………… 031
- 3.6　三角函数介绍及其使用 ………………………………………… 032
- 3.7　pygame.PixelArray对象 ………………………………………… 034
  - 3.7.1　PixelArray对象概述 ……………………………………… 035
  - 3.7.2　PixelArray对象常见操作 ………………………………… 036
  - 3.7.3　图像透明化处理 …………………………………………… 037
  - 实例3.4　转换图片为透明格式 ………………………………… 037
- 3.8　Pygame的错误处理 …………………………………………… 038
- 3.9　综合案例——绘制动态太极图 ………………………………… 039
- 3.10　实战练习 ……………………………………………………… 042

第4章　字体和文字 …………………………………………………… 043

- 4.1　加载和初始化字体模块 ………………………………………… 043

4.1.1　初始化与还原字体模块 ································· 044
　　4.1.2　获取可用字体 ····································· 045
　　4.1.3　获取Pygame模块提供的默认字体文件 ······················ 045
4.2　Font字体类对象 ·· 045
　　4.2.1　创建Font类对象 ··································· 046
　　4.2.2　渲染文本 ······································· 047
　　实例4.1　演示文本渲染 ····································· 048
　　4.2.3　设置及获取文本渲染模式 ······························ 049
　　4.2.4　获取文本渲染参数 ································· 051
　　实例4.2　查看文本图像的参数 ································· 052
4.3　综合案例——绘制"Python之禅" ····························· 053
4.4　实战练习 ·· 058

第5章　事件监听

5.1　理解事件 ·· 059
5.2　事件检索 ·· 060
　　实例5.1　打印输出所有事件 ·································· 061
5.3　处理键盘事件 ·· 063
　　实例5.2　记录键盘按下键字符 ································· 064
5.4　处理鼠标事件 ·· 066
　　实例5.3　更换鼠标图片为画笔 ································· 066
5.5　设备轮询 ·· 068
　　5.5.1　轮询键盘 ······································· 068
　　实例5.4　打字小游戏 ····································· 069
　　5.5.2　轮询鼠标 ······································· 070
5.6　事件过滤 ·· 071
5.7　自定义事件 ··· 071
5.8　综合案例——挡板接球游戏 ·································· 072
5.9　实战练习 ·· 076

第6章　图形绘制

6.1　pygame.draw模块概述 ···································· 077
6.2　使用pygame.draw模块绘制基本图形 ····························· 078
　　6.2.1　绘制线段 ······································· 078

	实例6.1 绘制线段	078
	6.2.2 绘制矩形	079
	实例6.2 绘制可移动的矩形	080
	6.2.3 绘制多边形	081
	实例6.3 绘制南丁格尔图	081
	6.2.4 绘制圆	084
	实例6.4 绘制一箭穿心图案	084
	6.2.5 绘制椭圆	087
	实例6.5 绘制椭圆	087
	6.2.6 绘制弧线	088
	实例6.6 绘制WIFI信号图	089
6.3	综合案例——会动的乌龟	090
6.4	实战练习	093

第7章 位图图形 094

7.1	位图基础	094
7.2	Surface对象	095
	7.2.1 创建Surface对象	095
	7.2.2 拷贝Surface对象	096
	7.2.3 修改Surface对象	097
	7.2.4 剪裁Surface区域	097
	7.2.5 移动Surface对象	098
	实例7.1 通过方向键控制Surface对象的移动	098
	7.2.6 子表面Subsurface	100
	实例7.2 父子Surface之间的共享特性	101
	7.2.7 获取Surface父对象	102
	实例7.3 通过人类继承关系模拟Surface父子对象关系	103
	7.2.8 像素访问与设置	104
	7.2.9 尺寸大小与矩形区域管理	105
7.3	Rect对象	107
	7.3.1 创建Rect对象	107
	7.3.2 拷贝Rect对象	109
	7.3.3 移动Rect对象	109
	7.3.4 缩放Rect对象	110
	7.3.5 Rect对象交集运算	111

	7.3.6 判断一个点是否在矩形内	112
	7.3.7 两个矩形间的重叠检测	112
	实例7.4 矩形间的重叠检测	113
7.4	综合案例——跳跃的小球	116
7.5	实战练习	122

第8章 精灵的使用 ··· 123

- 8.1 精灵基础 ··· 124
  - 8.1.1 精灵简介 ··· 124
  - 8.1.2 精灵的创建 ··· 124
  - 实例8.1 创建简单的精灵类 ··· 124
- 8.2 用精灵实现动画 ··· 126
  - 8.2.1 定制精灵序列图 ··· 126
  - 8.2.2 加载精灵序列图 ··· 126
  - 8.2.3 绘制及更新帧图 ··· 128
  - 实例8.2 奔跑的小超人 ··· 129
- 8.3 精灵组 ··· 132
- 8.4 精灵冲突检测 ··· 133
  - 8.4.1 两个精灵之间的矩形冲突检测 ··· 133
  - 8.4.2 两个精灵之间的圆冲突检测 ··· 134
  - 8.4.3 两个精灵之间的像素遮罩冲突检测 ··· 136
  - 8.4.4 精灵和精灵组之间的矩形冲突检测 ··· 137
  - 8.4.5 精灵组之间的矩形冲突检测 ··· 137
- 8.5 综合案例——小超人吃苹果 ··· 138
- 8.6 实战练习 ··· 141

第9章 音频处理 ··· 142

- 9.1 设备的初始化 ··· 142
- 9.2 声音的控制 ··· 143
  - 9.2.1 加载声音文件 ··· 143
  - 9.2.2 控制声音流 ··· 144
  - 实例9.1 开始播放音乐 ··· 146
  - 实例9.2 设置与获取音乐播放位置 ··· 148
  - 实例9.3 自动切换歌曲 ··· 150

9.3 管理声音 ············ 152
　　9.3.1 Sound 对象 ············ 153
　　实例9.4 使用Sound对象播放声音 ············ 154
　　9.3.2 Channel 对象 ············ 156
　　实例9.5 音量的分别控制 ············ 158
9.4 综合案例——音乐播放器 ············ 161
9.5 实战练习 ············ 166

第2篇 案例篇

第10章 Flappy Bird ············ 167

10.1 案例效果预览 ············ 168
10.2 案例准备 ············ 168
10.3 业务流程 ············ 169
10.4 实现过程 ············ 169
　　10.4.1 文件夹组织结构 ············ 169
　　10.4.2 搭建主框架 ············ 170
　　10.4.3 创建小鸟类 ············ 171
　　10.4.4 创建管道类 ············ 174
　　10.4.5 计算得分 ············ 177
　　10.4.6 碰撞检测 ············ 178

第11章 玛丽冒险 ············ 181

11.1 案例效果预览 ············ 181
11.2 案例准备 ············ 183
11.3 业务流程 ············ 183
11.4 实现过程 ············ 184
　　11.4.1 文件夹组织结构 ············ 184
　　11.4.2 游戏窗体的实现 ············ 184
　　11.4.3 地图的加载 ············ 185
　　11.4.4 玛丽的跳跃功能 ············ 187

11.4.5 随机出现的障碍 …… 190
11.4.6 背景音乐的播放与停止 …… 192
11.4.7 碰撞和积分的实现 …… 194

第12章 推箱子游戏 …… 197

12.1 案例效果预览 …… 198
12.2 案例准备 …… 199
12.3 业务流程 …… 199
12.4 实现过程 …… 200
12.4.1 文件夹组织结构 …… 200
12.4.2 搭建主框架 …… 200
12.4.3 绘制游戏地图 …… 203
12.4.4 用键盘控制角色移动 …… 210
12.4.5 判断游戏是否通关 …… 215
12.4.6 记录步数 …… 216
12.4.7 撤销角色已移动功能 …… 217
12.4.8 重玩此关的实现 …… 219
12.4.9 游戏进入下一关 …… 220

第13章 飞机大战 …… 223

13.1 案例效果预览 …… 223
13.2 案例准备 …… 224
13.3 业务流程 …… 224
13.4 实现过程 …… 225
13.4.1 文件夹组织结构 …… 225
13.4.2 主窗体的实现 …… 225
13.4.3 创建游戏精灵 …… 227
13.4.4 游戏核心逻辑 …… 229
13.4.5 游戏排行榜 …… 233

第14章 智力拼图 …… 236

14.1 案例效果预览 …… 237
14.2 案例准备 …… 238

14.3 业务流程 ······ 239
14.4 实现过程 ······ 240
  14.4.1 文件夹组织结构 ······ 240
  14.4.2 搭建主框架 ······ 240
  14.4.3 绘制游戏主窗体 ······ 242
  14.4.4 移动游戏空白方格拼图块 ······ 250
  14.4.5 统计空白方格拼图块移动步数 ······ 254
  14.4.6 判断拼图是否成功 ······ 255
  14.4.7 使用csv文件存取游戏数据 ······ 258
  14.4.8 绘制游戏结束窗体 ······ 259

第15章 画图工具 ······ 265

15.1 案例预览效果 ······ 265
15.2 案例准备 ······ 266
15.3 业务流程 ······ 267
15.4 实现过程 ······ 267
  15.4.1 文件夹组织结构 ······ 267
  15.4.2 菜单类设计 ······ 268
  15.4.3 画笔类设计 ······ 270
  15.4.4 窗口绘制类设计 ······ 273
  15.4.5 画图工具主类设计 ······ 274

第1篇 基础篇

第1章

初识Python和Pygame

  Python深受广大开发者青睐的一个重要原因是它应用领域非常广泛,其中就包括游戏开发,而使用Python进行游戏开发的首选模块就是Pygame。本章将首先介绍如何在计算机上部署Pygame的开发环境,然后通过Pygame制作一个简单的程序,从而让读者对Pygame开发有一个初步的认识。

本章知识架构如下:

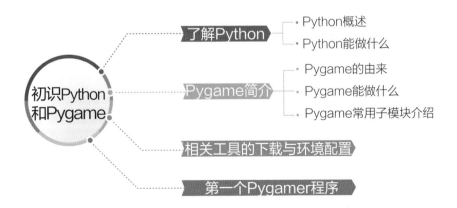

1.1 了解Python

1.1.1 Python概述

Python，本意是指蟒蛇。1989年，荷兰人Guido van Rossum发明了一种面向对象的解释型高级编程语言，将其命名为Python，标志如图1.1所示。Python的设计哲学为优雅、明确、简单，实际上，Python始终贯彻着这一理念，容易学习、开发速度快是其十分突出的特点。

图1.1 Python的标志

Python是一种扩展性强大的编程语言，具有丰富和强大的库，能够把使用其他语言制作的各种模块（尤其是C/C++）很轻松地联结在一起。所以Python常被称为"胶水语言"。

1991年，Python的第一个公开发行版问世。从2004年开始，Python的使用率呈线性增长，逐渐受到编程者的喜爱。最近几年，伴随着大数据和人工智能的发展，Python语言越来越火爆，也越来越受到开发者的青睐，图1.2是2022年9月的TIBOE编程语言排行榜，Python排在第1位。

Sep 2022	Sep 2021	Change	Programming Language	Ratings	Change
1	2	∧	Python	15.74%	+4.07%
2	1	∨	C	13.96%	+2.13%
3	3		Java	11.72%	+0.60%
4	4		C++	9.76%	+2.63%

图1.2 2022年9月TIBOE编程语言排行榜

Python自发布以来，主要有三个版本：1994年发布的Python 1.x版本（已过时）、2000年发布的Python 2.x版本（到2020年3月份已经更新到2.7.17）和2008年发布的Python 3.x版本（2022年9月份已经更新到3.10.7）。

1.1.2 Python能做什么

Python作为一种功能强大的编程语言，因其简单易学而受到很多开发者的青睐。那么Python的应用领域有哪些呢？概括起来主要有以下几个应用领域：

- ☑ Web开发；
- ☑ 云计算；
- ☑ 大数据分析处理；
- ☑ 爬虫；
- ☑ 人工智能；
- ☑ 游戏开发；
- ☑ 自动化运维开发；

1.2 Pygame简介

1.2.1 Pygame的由来

上面提到Python可以用于游戏开发，而使用Python进行游戏开发最常用的就是Pygame模块。Pygame是2000年由Pete Shinners开发的一个完全免费、开源的Python游戏模块，它是专门为开发和设计2D电子游戏而生的软件包，支持Windows、Linux、macOS等操作系统，具有良好的跨平台性。Pygame的目标是让游戏开发者不再受底层语言的束缚，而是更多地关注游戏的功能与逻辑，从而使游戏开发变得更加容易与简单。Pygame的图标如图1.3所示。

Pygame模块的特点如下：
☑ 具有高可移植性。
☑ 开源、免费。
☑ 支持多个操作系统，比如主流的Windows、Linux、macOS等。

图1.3 Pygame的图标

☑ 专门用于多媒体应用（如电子游戏）的开发，其中包含对图像、声音、视频、事件、碰撞等的支持。

说明：Pygame是一个在SDL（Simple DirectMedia Layer）基础上编写的游戏库，SDL是一套用C语言实现的跨平台多媒体开发库，被广泛地应用于游戏、模拟器、播放器等的开发。

1.2.2 Pygame能做什么

前面介绍了Pygame模块的主要作用是开发游戏，而游戏中必然会涉及到图形、音频、视频等的处理，因此，Pygame模块在图形绘制及处理、音频及视频处理、碰撞检测等方面，都有自己独特的优势。

下面举例说明使用Pygame模块能够开发的应用或游戏。例如，经典PC版MP3播放器，如图1.4所示；广受欢迎的益智类游戏——拼图，如图1.5所示；训练逻辑思考能力的游戏——推箱子，如图1.6所示；流行全球的单机消除类游戏——水果消消乐（本例将提供电子教程），如图1.7所示。

图1.4 MP3播放器

图1.5 拼图游戏

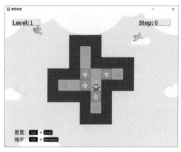
图1.6 推箱子游戏

图1.7 水果消消乐游戏

说明：本书后面章节将会带领大家一起使用Python+Pygame模块实现上面的游戏！

1.2.3 Pygame常用子模块介绍

Pygame模块采用自顶向下的方法，将一些在程序开发中能够完成特定功能的代码封装成了一个个单独的子模块中，这些子模块相对独立、功能单一、结构清晰、使用简单，通过这种模块化的设计，使得Pygame游戏程序的设计、调试和维护变得更加简单、容易。Pygame模块中的常用子模块及其说明如表1.1所示。

表1.1 Pygame常用子模块及说明

子模块	说明
pygame.cdrom	访问光驱
pygame.cursors	加载光标图像，包括标准指针
pygame.display	控制显示窗口或屏幕
pygame.draw	绘制简单的数学形状
pygame.event	管理事件
pygame.font	创建和渲染TrueType字体
pygame.image	加载和存储图片
pygame.key	读取键盘按键
pygame.mouse	鼠标
pygame.surface	管理图像
pygame.rect	管理矩形区域
pygame.sprite	管理移动图像（精灵序列图）
pygame.time	管理时间和帧信息
pygame.math	管理向量
pygame.transform	缩放、旋转和翻转图像
pygame. mixer_music	管理音乐
pygame.joystick	管理操纵杆设备（游戏手柄等）
pygame.overlay	访问高级视频叠加
pygame.mixer	管理声音

1.3　相关工具的下载与环境配置

因 Python、Pygame 以及 PyCharm 等工具的版本时有更新，不同操作系统的用户在下载与安装中常会遇到不同的问题。因此，针对这部分内容，我们将在学习群中提供定期更新的电子文档，以指引读者获取这些工具并顺利部署开发环境。

1.4　第一个 Pygame 程序

作为程序开发人员，学习新知识的第一步就是学会简单的输出，对所学习的新知识形成一个感性的认识。学习 Pygame 也不例外，本实例将创建一个 Pygame 游戏窗口，在窗口中实现显示文本"Hello Pygame World"。

实例1.1 使用 Pygame 模块显示 "Hello Pygame World"
（实例位置：资源包\Code\01\01）

打开 PyCharm 开发工具，实现创建游戏窗口并显示文本的步骤如下：
① 在 PyCharm 开发工具中新建一个名称为 hello_pygame.py 的文件。
② 在 hello_pygame.py 文件中导入 Pygame 模块和 Pygame 中的所有常量，代码如下：

```
01  import pygame
02  from pygame.locals import *
```

③ 使用 init() 方法对 Pygame 模块进行初始化，代码如下：

```
03  pygame.init()                                          # 初始化
```

④ 创建一个 Pygame 窗口，大小可自定义，这里设置为 500×200，单位为像素（px），代码如下：

```
04  screen = pygame.display.set_mode((500, 200), 0, 32)    # 创建游戏窗口
```

⑤ 使用 pygame.font 子模块创建一个字体对象，并使用其 render() 方法在窗口中渲染具体的文本"Hello Pygame World"，代码如下：

```
05  font = pygame.font.SysFont(None, 60,)                  # 创建字体对象
06  mingri = font.render("Hello Pygame World", True, (255, 255, 255))
                                                           # 创建文本图像
```

⑥ 创建一个程序运行的无限循环，使其不断地重绘页面，目的是保持游戏窗口持续显示，该循环中主要执行清屏、绘制和刷新的操作。代码如下：

```
07  import sys
08  # 程序运行主体循环
09  while True:
10      screen.fill((25, 102, 173))        # 清屏
11      screen.blit(mingri, (50, 80))  # 绘制
12      for event in pygame.event.get(): # 事件索取
13          if event.type == QUIT:         # 判断为程序退出事件
14              pygame.quit()              # 退出游戏，还原设备
15              sys.exit()                 # 程序退出
16      pygame.display.update()            # 刷新
```

运行程序，效果如图1.8所示。

图1.8　在Pygame窗口中显示"Hello Pygame World"

1.5　实战练习

在Facebook的一个办公室中，挂着这样一条充满野心和奋斗性的标语，即"Go Big Or Go Home！（要么出众，要么出局！）"，旁边还配上了哥斯拉的照片，这让这条标语显得格外的酷炫。下面请使用Pygame模块设计一个窗口，并在窗口中显示这条标语，如图1.9所示。

图1.9　在Pygame窗口中显示"Go Big Or Go Home!"

Pygame程序开发流程

本章将根据第1章中的第一个Pygame程序总结出开发一个Pygame程序的基本流程，并分别对它们进行讲解。

本章知识架构如下：

2.1 Pygame程序开发的基本流程

Pygame开发程序的基本流程如图2.1所示。

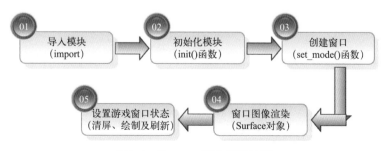

图2.1 Pygame程序开发流程

2.1.1 导入Pygame模块

第一个Pygame程序的前2行代码是使用Pygame编写程序时几乎都需要用到的：

```
01  import pygame
02  from pygame.locals import *
```

其中，第1行代码用来导入pygame包，它是Pygame模块中可供使用的最顶层的包，当在程序中导入pygame包后，便可以使用其包含的大部分子模块，比如pygame.color、pygame.surface、pygame.rect等。

第2行代码使用Python中的from xx.xx import *格式导入了pygame.locals子模块中的所有元素，pygame.locals子模块中存储了Pygame中绝大部分的顶级变量与常量，比如：pygame.QUIT（程序退出事件）、pygame.KEYDOWN（键盘按下事件）、pygame.MOUSEBUTTONDOWN（鼠标按下事件）、pygame.K_h（H键）、pygame.K_ESCAPE（Esc键）、pygame.K_LCTRL（Ctrl键）等。

技巧：① 通常在使用import格式导入一个包之后，如果想要调用此包中的一个函数，必须使用点操作符"."来引用，而通过使用from xx.xx import *格式，则直接可以把此包中所有一级变量导入到当前程序中，这样就可以在程序中直接使用它们（就像是调用Python内建函数一样）。

② 在PyCharm开发工具中查看源码的方法：按住Ctrl键，同时鼠标左键点击标识符名称。例如：若点击的是函数名，则光标自动跳转到该函数的源代码处；若点击的是包名，则光标自动跳转到该包下的_init_.py文件中，但要保证代码所在的文件位置存在于模块搜索路径（sys.path）中。该技巧非常重要且实用，简称为"览源"，之后则不再复述。请读者自行尝试操作。

2.1.2 初始化Pygame

导入pygame包后，就需要对其进行初始化了，代码如下：

```
01  # 初始化
02  pygame.init()
```

之所以要初始化pygame，是因为这样可以在底层初始化所有导入的pygame子模块，并且可以为即将要使用的硬件设备做准备工作，如果不初始化，则可能会出现程序崩溃等一些不可设想的后果。

init()初始化函数返回的是一个二元元组，其中，第1个数字表示成功导入的子模块数，第2个数字表示导入失败的个数。可以使用下面的代码查看init()函数的返回值。

```
01  res = pygame.init()
02  print("成功初始化模块个数: ", res[0], "失败个数: ", res[1])
```

实例2.1 演示pygame.init()的使用（实例位置：资源包\Code\02\01）

在PyCharm中新建一个名为init_demo.py的文件。创建一个空白的Pygame窗口，测试在不添加执行pygame.init()语句的情况下，程序运行输出结果如何，具体代码如下：

```
01  import pygame
02  from pygame.locals import *
03
04  # res = pygame.init()
05  # print("成功初始化模块个数: ", res[0], "失败个数: ", res[1])
06  screen = pygame.display.set_mode((640, 396))
07  font = pygame.font.SysFont(None, 60)
08  type_li = [QUIT, KEYDOWN, MOUSEBUTTONDOWN]
09
10  while 1:
11      for event in pygame.event.get(type_li):
12          if event:
13              pygame.quit()
14              exit()
```

运行以上代码会出现如图2.2所示的异常提示。

```
File "D:\PythonProject\demo.py", line 7, in <module>
    font = pygame.font.SysFont(None, 60)
File "C:\Program Files\Python310\lib\site-packages\pygame\sysfont.py", line 474, in SysFont
    return constructor(fontname, size, set_bold, set_italic)
File "C:\Program Files\Python310\lib\site-packages\pygame\sysfont.py", line 391, in font_constructor
    font = Font(fontpath, size)
pygame.error: font not initialized
```

图2.2 运行代码后的异常提示

上面的异常为pygame.error: font not initialized，表示pygame.font子模块未初始化。此时，再尝试恢复被注释的第4、5行代码，重新运行程序，即可出现一个空白的Pygame窗口。

说明： 程序中第6、7、11行代码的具体含义会在后续章节进行讲解，此处只是演示最简单的代码。退出此程序时，只需敲击任意按键或点击鼠标即可。

2.1.3 创建Pygame窗口

导入并初始化pygame包后，接下来就需要创建Pygame窗口了。创建Pygame窗口需要使用pygame包下的display模块中的set_mode()函数，代码如下：

```
15  screen = pygame.display.set_mode((500, 200), 0, 32)    # 创建游戏窗口
```

set_mode()函数用来创建一个图形化用户界面（Graphical User Interface,GUI），其语法格式如下：

```
set_mode(resolution=(0,0),flags=0,depth=0)
```

参数说明如下：

☑ resolution：表示屏幕分辨率，需传入由两个整数构成的元组，表示所要创建的窗口尺寸（宽×高），单位为像素。如果将宽度和高度都设置为0，则会具有与显示器屏幕分辨率相同的宽度和高度。

☑ flags：功能标志位，表示创建的主窗口样式，比如创建全屏窗口、无边框窗口等。flags参数值及说明如表2.1所示。

表2.1　flags参数值及说明

参数值	说明
0	用户设置的窗口大小
pygame.FULLSCREEN	全屏显示的窗口
pygame.RESIZABLE	可调整大小的窗口
pygame.NOFRAME	没有边框和控制按钮的窗口
pygame.DOUBLEBUF	双缓冲模式窗口，推荐和HWSURFACE和OPENGL一起使用
pygame.HWSURFACE	硬件加速窗口，仅在FULLSCREEN下可以使用
pygame.OPENGL	一个OpenGL可渲染的窗口

☑ depth：控制色深，如果省略该参数，将默认使用系统的最佳和最快颜色深度，因此推荐省略该参数。

☑ 返回值：一个pygame.Surface对象（简称为Surface对象）。

该函数传入的三个参数只是对显示类型的请求，实际创建的显示类型将是系统所能支持的最佳匹配。

技巧：在实际开发过程中，flags参数最常用的值为pygame.HWSURFACE和pygame.DOUBLEBUF。另外，也可以使用按位或运算符组合为复合模式类型，示例代码如下：

```
SIZE = WIDTH, HEIGHT = 640, 396
pygame.display.set_mode(SIZE, HWSURFACE|FULLSCREEN, 32)
```

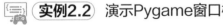 演示Pygame窗口模式的切换（实例位置：资源包\Code\02\02）

编写一个小程序，实现Pygame窗口模式的切换。具体代码如下：

```
01  import sys
02  import pygame
03  from pygame.locals import *
04  title = "明日科技"
05  icon_img = "ball.jpg"
06  pygame.init()                                              # pygame全局初始化
07  screen = pygame.display.set_mode((640, 396), 0, 32)        # 初始化窗口
08  pygame.display.set_caption(title)                          # 窗口标题设置
09  icon_sur = pygame.image.load(icon_img)
10  pygame.display.set_icon(icon_sur)                          # 窗口图标设置
11  Fullscreen = False                                         # 控制屏幕状态
12  while True:
13      for event in pygame.event.get():                       # 事件索取
14          if event.type == QUIT:                             # 程序退出按钮
15              sys.exit()
16          if event.type == KEYDOWN:                          # 键盘事件
17              if event.key == K_f:                           # 敲击F键
18                  Fullscreen = not Fullscreen
19                  if Fullscreen:
20                      screen = pygame.display.set_mode((640, 396), \
21                                              FULLSCREEN, 32)
22                  else:
23                      screen = pygame.display.set_mode((640, 396), 0, 32)
24      pygame.display.flip()                                  # 更新屏幕显示
```

上面代码中，第8行代码为设置Pygame窗口标题，第9行代码加载了一张图片，以便在第10行代码中将其设置为Pygame窗口的图标；另外，Pygame窗口默认为窗口模式显示，上面代码中添加了监听键盘事件代码，只要敲击键盘F键，Pygame窗口显示模式就会在窗口模式和全屏模式之间进行切换。

程序运行效果如图2.3所示。

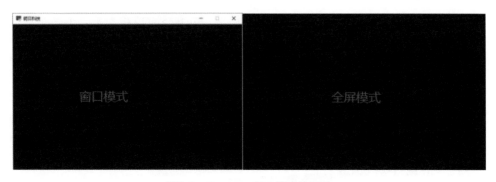

图2.3　Pygame窗口模式的切换

注意：上面代码中，图形的URL用的是相对路径，因此需要将窗口图标图片和screen_type.py文件放置于同一文件夹中。

技巧：

① 在set_mode()函数参数中如果需要传入特定的颜色格式，pygame.display子模块中提供的一个名为mode_ok()的函数，用于确定所请求的显示模式是否可用，其参数的使用与set_mode()方法相同。如果无法确定所请求的模式是否可用，将返回0，否则将返回与所要求显示模式的最佳匹配像素深度。

② 除了最佳的像素深度，pygame.display子模块还提供了一个名为list_modes()的函数，用于返回在指定颜色深度下所支持的所有窗口分辨率的一个列表，其参数为一个像素深度和一个窗口显示模式。如果给定的参数是在不可支持的像素深度或者不可用的显示模式下，返回值为-1，表示任何请求的分辨率都应该有效（对于窗口模式就是这种情况）。pygame.display子模块的常用函数及说明如表2.2所示。

表2.2　pygame.display子模块常用函数及说明

函数	说明
pygame.display.set_mode()	初始化显示窗口
pygame.display.flip()	将完整待显示的Surface对象更新到屏幕上
pygame.display.update()	更新部分屏幕区域显示
pygame.display.get_surface()	获取当前显示的窗口Surface对象
pygame.display.set_icon()	设置窗口图标
pygame.display.set_caption()	设置窗口标题
pygame.display.list_modes()	获取可用全屏模式分辨率的列表
pygame.dispaly.mode_ok()	返回显示模式的最佳颜色深度
pygame.display.iconify()	最小化显示Surface对象

2.1.4　窗口图像渲染——Surface对象

Pygame窗口使用Scuface对象来显示内容，Surface对象相当于一个画布，它是Pygame中用于表示图像的对象，可以渲染文本，也可以加载图片。Pygame中的Surface对象就类似于我们在画画时的画纸，Surface对象之间的相互绘制就类似于将画好的画纸进行叠加放置，放置于最上面的画纸会覆盖下面所有的画纸，如图2.4所示。

在Pygame当中，Surface对象默认是纯黑色填充且不透明的，要想设置为别的颜色，则可以对其进行填充绘制。例如，在第一个Pygame程序中使用Surface对象的fill()函数实现清屏功能：

```
16  screen.fill((25, 102, 173))        # 清屏
```

图 2.4 图像覆盖

另外,在第一个 Pygame 程序中将文本绘制到 Pygame 窗口上时,使用了 Surface 对象的 blit() 函数,代码如下:

```
17    screen.blit(mingri, (160, 150))    # 绘制
```

blit() 函数用来将一个图像(Surface 对象)绘制到另一个图像上方,其语法格式如下:

pygame.Surface.blit(source, dest, area=None, special_flags = 0) -> Rect

参数说明如下:

☑ source:必需参数,指定所要绘制的 Surface 对象。
☑ dest:必需参数,指定所要绘制的位置,(X, Y)。
☑ area:可选参数,限定所要绘制的 Surface 对象的绘制范围,一个四元元组。
☑ special_flags:可选参数,指定混合的模式。
☑ 返回值:一个四元元组,表示在目标 Surface 对象上实际的绘制矩形区域。

除了上面的函数,Surface 对象中还包含了其他的图像渲染相关函数,如表 2.3 所示。

表 2.3 pygame.Surface 对象常用函数及说明

函数	说明
pygame.Surface.convert()	修改图像(Surface 对象)的像素格式
pygame.Surface.convert_alpha()	修改图像(Surface 对象)的像素格式,包含 alpha 通道
pygame.Surface.copy()	创建一个 Surface 对象的拷贝
pygame.Surface.scroll()	移动 Surface 对象
pygame.Surface.set_colorkey()	设置 colorkeys
pygame.Surface.get_colorkey()	获取 colorkeys
pygame.Surface.set_alpha()	设置整个图像的透明度

续表

函数	说明
pygame.Surface.get_alpha()	获取整个图像的透明度
pygame.Surface.lock()	锁定 Surface 对象的内存，使其可以进行像素访问
pygame.Surface.unlock()	解锁 Surface 对象的内存，使其无法进行像素访问
pygame.Surface.mustlock()	检测该 Surface 对象是否需要被锁定
pygame.Surface.get_locked()	检测该 Surface 对象当前是否为锁定状态
pygame.Surface.get_locks()	返回该 Surface 对象的锁定
pygame.Surface.get_at()	获取一个像素的颜色值
pygame.Surface.set_at()	设置一个像素的颜色值
pygame.Surface.get_at_mapped()	获取一个像素映射的颜色索引号
pygame.Surface.get_palette()	获取 Surface 对象 8 位索引的调色板
pygame.Surface.get_palette_at()	返回给定索引号在调色板中的颜色值
pygame.Surface.set_palette()	设置 Surface 对象 8 位索引的调色板
pygame.Surface.set_palette_at()	设置给定索引号在调色板中的颜色值
pygame.Surface.map_rgb()	将一个 RGBA 颜色转换为映射的颜色值
pygame.Surface.unmap_rgb()	将一个映射的颜色值转换为 Color 对象
pygame.Surface.set_clip()	设置该 Surface 对象的当前剪切区域
pygame.Surface.get_clip()	获取该 Surface 对象的当前剪切区域
pygame.Surface.subsurface()	根据父对象创建一个新的子 Surface 对象
pygame.Surface.get_parent()	获取子 Surface 对象的父对象
pygame.Surface.get_abs_parent()	获取子 Surface 对象的顶层父对象
pygame.Surface.get_offset()	获取子 Surface 对象在父对象中的偏移位置
pygame.Surface.get_abs_offset()	获取子 Surface 对象在顶层父对象中的偏移位置
pygame.Surface.get_size()	获取 Surface 对象的尺寸
pygame.Surface.get_width()	获取 Surface 对象的宽度
pygame.Surface.get_height()	获取 Surface 对象的高度
pygame.Surface.get_rect()	获取 Surface 对象的矩形区域
pygame.Surface.get_bitsize()	获取 Surface 对象像素格式的位深度
pygame.Surface.get_bytesize()	获取 Surface 对象每个像素使用的字节数
pygame.Surface.get_flags()	获取 Surface 对象的附加标志
pygame.Surface.get_pitch()	获取 Surface 对象每行占用的字节数
pygame.Surface.get_masks()	获取用于颜色与映射索引号之间转换的掩码
pygame.Surface.set_masks()	设置用于颜色与映射索引号之间转换的掩码
pygame.Surface.get_shifts()	获取当位移动时在颜色与映射索引号之间转换的掩码
pygame.Surface.set_shifts()	设置当位移动时在颜色与映射索引号之间转换的掩码
pygame.Surface.get_losses()	获取最低有效位在颜色与映射索引号之间转换的掩码
pygame.Surface.get_bounding_rect()	获取最小包含所有数据的 Rect 对象
pygame.Surface.get_view()	获取 Surface 对象的像素缓冲区视图
pygame.Surface.get_buffer()	获取 Surface 对象的像素缓冲区对象

另外，在Surface对象中还包含一个._pixels_address变量，用来表示像素缓冲区地址。

注意：Surface对象支持像素访问，但像素访问在硬件上实现的速度是很慢的，因此不推荐大家这么做。

2.1.5 设置游戏窗口状态

使用Pygame制作小游戏一般都以一个窗口呈现，该过程类似于一个画板，在画板上放置已画好的画纸，而在这些画纸上渲染的可以是一张图片、一段文本、一个图形等，当存在有多张画纸时，会出现层叠效应；而当需要Pygame窗口一直呈现在界面中时，就需要对每一张画纸进行重叠部分的不间断的擦除与绘制，在Python中，这需要借助一个while循环实现，只要条件为真，它就持续运行，直到条件为假或者直接终止程序，使其退出运行。

例如，在第一个Pygame程序中使用while循环实现文字的显示与程序退出功能，代码如下：

```
01  # 程序运行主体循环
02  while True:
03      screen.fill((0, 163, 150))                          # 1. 清屏
04      screen.blit(mingri, (50, 80),(0, 0, 700, 150))      # 2. 绘制
05      for event in pygame.event.get():                    # 事件索取
06          if event.type == QUIT:                          # 判断为程序退出事件
07              pygame.quit()                               # 退出游戏，还原设备
08              sys.exit()                                  # 程序退出
09      pygame.display.update()                             # 3.刷新
```

从上面的代码可以看出，Pygame中窗口的显示分为3个步骤，分别为：1.清屏，2.绘制，3.刷新显示。

说明：Pygame是一个专门用来设计游戏的模块，在设计游戏时，需要知道游戏状态只是一种形象的叫法，它其实是程序中使用到的所有变量的一组值。在很多游戏中，游戏状态包括了玩家的死亡与存活状态，以及游戏的开始、暂停、结束状态等。游戏根据不同的游戏状态执行不同的操作，从而绘制不同的画面，进而执行不同的事件监听代码，如此循环往复，使得Pygame窗体能够一直呈现在屏幕上，其基本处理逻辑如图2.5所示。

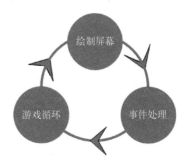

图2.5　游戏处理逻辑

2.2　Pygame最小开发框架

使用Pygame开发，有一个所谓的最小开发框架（或称为模板），可以帮助我们在进行Pygame开发时能够快速看到程序运行效果图，从而极大地提升开发效率。

Pygame最小开发框架代码如下：

```
01  import sys
02
03  # 导入pygame 及常量库
04  import pygame
05  from pygame.locals import *
06
07  # 游戏中的一些常量定义
08  SIZE = WIDTH, HEIGHT = 640, 396
09  FPS = 60
10  TITLE = "Hello__明日"
11
12  # 颜色常量定义
13  BG_COLOR = 25, 102, 173
14
15  # 初始化
16  pygame.init()
17  pygame.mixer.init()
18
19  # 创建游戏窗口
20  screen = pygame.display.set_mode(SIZE)
21  # 设置窗口标题
22  pygame.display.set_caption(TITLE)
23  # 创建时间管理对象
24  clock = pygame.time.Clock()
25  # 创建字体对象
26  font = pygame.font.SysFont(None, 60, )
27
28  running = True
29  # 程序运行主体循环
30  while running:
31      # 1. 清屏(窗口纯背景色画纸的绘制)
32      screen.fill(BG_COLOR)  # 先准备一块画布
33      # 2. 绘制
34
35      for event in pygame.event.get():  # 事件索取
```

```
36        if event.type == QUIT:    # 判断点击窗口右上角"X"
37            pygame.quit()    # 退出游戏，还原设备
38            sys.exit()    # 程序退出
39
40    # 3.刷新
41    pygame.display.update()
42    # 设置帧数
43    clock.tick(FPS)
44
45 # 循环结束后，退出游戏
46 pygame.quit()
```

以上46行代码为开发一个Pygame游戏时通用的一套框架代码，但为使其更加简约、轻量级，故笔者在此基础上进行了升级，此升级后的代码也是本书后文的所有Pygame实例中实际应用到的。升级后的代码如下：

```
01 import sys
02
03 # 导入pygame 及常量库
04 import pygame
05 from pygame.locals import *
06
07 SIZE = WIDTH, HEIGHT = 640, 396
08 FPS = 60
09
10 pygame.init()
11 screen = pygame.display.set_mode(SIZE)
12 pygame.display.set_caption("Pygame__明日")
13 clock = pygame.time.Clock()
14 # 创建字体对象
15 font = pygame.font.SysFont(None, 60, )
16
17 running = True
18 # 主体循环
19 while running:
20     # 1.清屏
21     screen.fill((25, 102, 173))
22     # 2.绘制
23
24     for event in pygame.event.get():    # 事件索取
25         if event.type == QUIT:
26             pygame.quit()
27             sys.exit()
```

```
28      # 3.刷新
29      pygame.display.update()
30      clock.tick(FPS)
```

在开发Pygame游戏时,只需将该模板代码复制,然后在其主体循环中的绘制和事件监听处调用游戏具体的绘制和事件监听代码接口即可。

最小开发框架中的具体处理流程如图2.6所示。

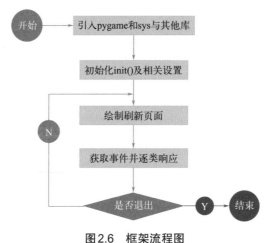

图2.6　框架流程图

2.3　综合案例——绘制拼图游戏界面

编写一个Pygame游戏窗口,在其中绘制一个简单的拼图游戏界面,主要显示游戏标题、登录按钮及退出按钮。实现效果如图2.7所示。

图2.7　绘制拼图游戏界面

开发步骤如下:

```
01  import pygame
02  from pygame.locals import *
03  pygame.init()# 初始化
04  screen = pygame.display.set_mode((200, 300), 0, 32)  # 创建游戏窗口
05  font1 = pygame.font.SysFont('华文楷体', 40,)           # 创建字体对象
06  font2 = pygame.font.SysFont('华文楷体', 18,)           # 创建字体对象
07  mingri1 = font1.render("拼图游戏", True, (255, 255, 255))
                                                          # 创建文本图像
08  mingri2 = font2.render("登录    退出", True, (255, 255, 255))
                                                          # 创建文本图像
09  screen.fill((25, 102, 173))                           # 清屏
10  screen.blit(mingri1, (20, 50))                        # 绘制游戏标题
11  screen.blit(mingri2, (50, 180))                       # 绘制登录、退出按钮
12  import sys
13  # 程序运行主体循环
14  while True:
15      for event in pygame.event.get():                  # 事件索取
16          if event.type == QUIT:                        # 判断为程序退出事件
17              pygame.quit()                             # 退出游戏,还原设备
18              sys.exit()                                # 程序退出
19      pygame.display.update()                           # 刷新
```

2.4 实战练习

1024是一个很特殊的数字,在计算机操作系统里,1024B(Byte,字节)=1KB,1024KB=1MB,1024MB=1GB。程序员就像是一个个"1024",以最低调、踏实、核心的功能模块搭建起这个科技世界。现要求在Pygame窗口中换行输出程序员节含义,输出内容如图2.8所示。

图2.8　换行输出程序员节的核心含义

第3章

Pygame游戏开发基础

学习任何一门编程语言都不能一蹴而就，必须遵循一个客观的原则——从基础学起。有了牢固的基础，再进阶学习有一定难度的技术就会很轻松。本章将从初学者的角度考虑，对Pygame游戏开发的一些基础知识进行详细讲解。

本章知识架构如下：

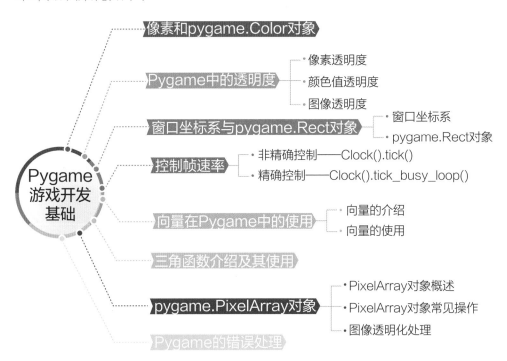

3.1 像素和pygame.Color对象

在Pygame窗口中绘图时使用的颜色单位默认是像素。所谓像素，就是Pygame窗口屏幕上的一个点，如果将浏览的图片放大若干倍，就可以清晰地看到这些点（小方格）。如图3.1所示，将一张图片放大100倍之后，就可以清晰地看到构成这张图片的所有小方格（像素点），所有的这些小方格通过笛卡尔坐标系都有明确的坐标位置以及被分配的色彩数值，从而决定了该图片所呈现出来的最终样子。

Pygame中表示颜色用的是色光三原色表示法，即通过一个元组或列表来指

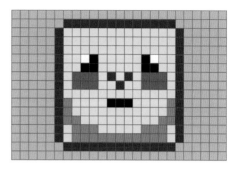

图3.1　图片放大100倍

定颜色的RGB值，每个值都在0～255，由于每种原色都使用一个8位（bit）的值来表示，因此3种颜色相当于一共由24位构成，这就是常说的24位颜色表示法。

图3.2　RGB系统

Pygame使用的是RGBA系统，其中：R表示红色值（Red）；G表示绿色值（Green）；B表示蓝色值（Blue）；A表示透明度（Alpha），该值为可选值，在Pygame中默认为255，一般不需要特别指定。例如：纯红色为（255，0，0）、纯绿色为（0，255，0）、纯蓝色为（0，0，255）、纯白色为（255，255，255）。表示颜色的RGB系统如图3.2所示。

Pygame自身还非常友好地为开发者提供了一种通过常量定义颜色名称的方法，在程序开发中，如果不想使用RGB标记颜色，可以直接使用这些常量命名颜色，这些定义好的颜色常量一共有657个，可以在pygame.color模块中查看具体名称。使用颜色命名常量时，需要在程序中导入pygame.color模块中的包含所有颜色的字典常量THECOLORS，代码如下：

```
from pygame.color import THECOLORS
print("红色：", THECOLORS["red"])
print("绿色：", THECOLORS["green"])
print("蓝色：", THECOLORS["blue"])
print("白色：", THECOLORS["white"])
```

运行结果如下：

```
红色：(255, 0, 0, 255)
绿色：(0, 255, 0, 255)
蓝色：(0, 0, 255, 255)
白色：(255, 255, 255, 255)
```

另外，除了使用字典常量THECOLORS表示颜色之外，在pygame.color模块中，还提供了一个pygame.color.Color对象（简称为Color对象）来表示或创建一种颜色，语法格式如下：

```
pygame.color.Color(name)              # 命名字符串
pygame.color.Color(r, g, b, a)        # RGBA 颜色值
pygame.color.Color(rgbvalue)          # 十六进制颜色码
```

在以上3种创建Color对象的方法中，第3种的参数值为"#rrggbbaa"或"0xrrggbbaa"形式，其中aa是可选的。示例代码如下：

```
01  import pygame      # 导包，包括pygama.color.Color
02  red_01 = pygame.Color("red")
03  red_02 = pygame.Color(255, 0, 0, 255)
04  red_03 = pygame.Color(255, 0, 0)
05  red_04 = pygame.Color("#FF0000FF")
06  red_05 = pygame.Color("0xFF0000FF")
07  red_06 = pygame.Color("0xFF0000")
08  res = red_01 == red_02 == red_03 == red_04 == red_05 == red_06
09  print(res)    # 结果为：True
```

上面代码中，没有导入pygame.color.Color类就可以直接创建Color对象，是因为在导入pygame模块时，在其自动执行的__init__.py文件中将pygame.color.Color变量赋值给了pygame.Color变量，因此可以直接通过pygame.Color变量来创建Color对象，极大地方便开发者的使用，同时减少代码的编写量。

使用Color对象创建完颜色后，可以分别使用该对象的r、g、b、a属性获取该颜色对应的R、G、B、A颜色值，代码如下：

```
01  print(red_01.r)  # 红
02  print(red_01.g)  # 绿
03  print(red_01.b)  # 蓝
04  print(red_01.a)  # 透明度
```

实例3.1 展示所有颜色（实例位置：资源包\Code\03\01）

对于一般的32位RGB系统，每个像素可以显示256^3种颜色（此处未涉及alpha通道）。下面编写一个Pygame程序，通过3个for循环来显示所有颜色。具体代码如下：

```
01  import pygame
02
03  pygame.init()    # pygame 初始化
```

```
04  # 创建"画纸"
05  colors = pygame.Surface((4096, 4096), depth=32)
06  # 在"画纸"上渲染上像素点
07  for s in range(256):
08      x = (s % 16) * 256
09      y = (s // 16) * 256
10      for g in range(256):
11          for b in range(256):
12              # 设置一个像素的颜色值
13              colors.set_at((x +g, y +b), (s, g, b))
14  # 将"画纸"保存为一张图片
15  pygame.image.save(colors, "colors.png")
```

运行程序，双击保存的colors.png图片，效果如图3.3所示。

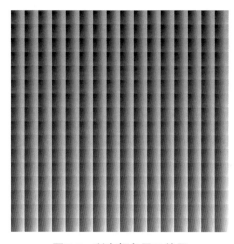

图3.3　所有颜色展示效果

3.2　Pygame中的透明度

在Pygame游戏窗口中，支持以下3种透明度类型：
☑ 像素值透明度（pixel alphas）。
☑ 颜色值透明度（colorkeys）。
☑ 图像透明度（surface alphas）。

3.2.1　像素透明度

在现实生活中，当透过一个绿色的玻璃片看其他物体时，其背后的所有颜色都会叠加一定绿色。在Pygame程序中，如果想实现类似的效果，可以通过给Color对象值添加第4个透明度参数的方式来体现，该值叫作alpha值，而这类透明度叫作像素透明度（pixel alphas）。通常情况下，在一个Surface对象上添加一个像素点时，其实是新的颜色值替代了原来的颜色值，但是，如果使用的是一个带有alpha值的颜色，就相当于给原来的颜色添加了一个带有颜色的色调。

默认情况下，当在Pygame窗口上加载一张透明的图片时，它的执行效率是很慢的，为了能够更快地进行加载，Pygame提供了一个名为convert_alpha()的函数，专门用于为alpha通道做优化，以便可以更快地绘制透明图片，其使用方法如下：

pixel_Sur = pygame.image.load(IMG_PATH).convert_alpha()

说明：

① convert_alpha()方法并不能把原来非透明的图片处理为透明的，它只是加速优化了程序对图片Surface对象的处理速度，以便在调用Pygame显示Surface的blit()函数时，能够快速将此图片Surface显示在Pygame屏幕上。

② 从pygame.display.set_mode()返回的Pygame显示Surface对象不能够再调用convert_alpha()方法。

实例3.2 测试像素透明度（实例位置：资源包\Code\03\02）

创建一个Pygame程序，用两张图片，分别为透明的和不透明的，分别测试其加载到Pygame窗口上时的效果；另外，通过该程序对比使用两张图片的Surface对象各自调用自身convert_alpha()方法时的不同效果。程序运行效果图如图3.4所示。

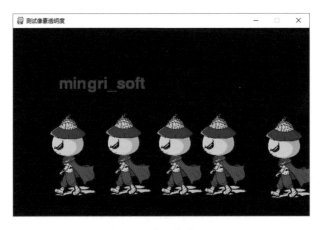

图3.4 测试像素透明度

完整程序代码如下：

```
01  import pygame
02
03  pygame.init()
04  screen = pygame.display.set_mode((640, 396))
05  # screen = pygame.display.set_mode((640, 396)).convert_alpha()
06  pygame.display.set_caption("测试像素透明度")
07  font = pygame.font.SysFont("Airal", 50)
08  mingri_soft = font.render("mingri_soft", \
09                            True, pygame.Color("red"), )
10  size = 25
11  # 加载不透明的图片
12  # fire_img = pygame.image.load("not_alpha.png")
13  # fire_img = pygame.image.load("not_alpha.png").convert_alpha()
14
15  # 加载透明的图片
16  # fire_img = pygame.image.load("alpha.png")
17  # 添加 像素透明度(可验证图像本身是否是透明的)，优化 alpha 通道
18  fire_img = pygame.image.load("alpha.png").convert_alpha()
19
20  while True:
21
22      # 绘制文本
23      screen.blit(mingri_soft, (100, 100))
24
25      for event in pygame.event.get():
26          if event.type == pygame.QUIT:
27              pygame.quit()
28              exit()
29          # 监听鼠标单击事件，在单击处绘制图片
30          if event.type == pygame.MOUSEBUTTONDOWN:
31              x, y = pygame.mouse.get_pos()
32              screen.blit(fire_img, (x -size, y -size))
33      pygame.display.update()
```

代码解析如下：

① 第7行代码通过加载系统字体文件，创建并返回了一个用于构造文本Surface对象的pygame.font.SysFont()对象，并在第8行代码中通过渲染文本创建了一个文本Surface。

② 第23行代码将文本Surface绘制到了Pygame窗口上。

③ 第12、13、16、18行代码分别是使用不同的方式加载一张图片。

④ 第30行代码用来监听鼠标单击事件，每当监听到鼠标单击事件时，在第31行代码中获取当前的鼠标位置，然后将之前加载的图片Surface绘制在当前的位置。

说明：请读者分别尝试恢复注释掉的fire_img变量以及第4、5行不同的窗口显示Surface对象变量，然后运行程序查看它们的对比效果。

3.2.2 颜色值透明度

如果在实例3.2中加载的是一张原本不透明的图片，可以看见图片有一个白色的背景色，如果要除掉该白色背景使其透明，该如何处理呢？这时需要使用另一种透明度类型——颜色值透明度（colorkeys）。

颜色值透明度是指设置图像中的某个颜色值（任意像素的颜色值）为透明，主要是为了在绘制Surface对象时，将图像中所有与指定颜色值相同的颜色绘制为透明。在Pygame中，Surface对象专门提供了一个名为set_colorkey()的函数来指定透明颜色值；另外，也可以通过get_colorkey()函数获取透明颜色值。使用set_colorkey()函数时，需要设置一个Color参数，该参数可以是一个RGB颜色，也可以是映射后的颜色索引号，如果传入None，则表示取消colorkeys的设置。set_colorkey()函数语法格式如下：

```
pygame.Surface.set_colorkey(Color)
```

实例3.3 测试颜色值透明度（实例位置：资源包\Code\03\03）

创建一个Pygame程序，其中加载一张以不同颜色绘制的九宫格图片（图3.5），然后将该图片中的红色以透明显示。实例运行效果如图3.6所示。

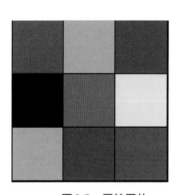
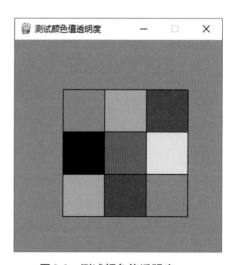

图3.5 原始图片　　　　图3.6 测试颜色值透明度

完整程序代码如下：

```
01  import pygame
02
03  size = width, height = 000, 300
04
05  pygame.init()
06  screen = pygame.display.set_mode(size)
07  # screen = pygame.display.set_mode((640, 396)).convert_alpha()
08  pygame.display.set_caption("测试颜色值透明度")
09  # 加载不透明的图片
10  fire_img = pygame.image.load("colorkeys.png")
11  # fire_img = pygame.image.load("colorkeys.png").convert_alpha()
12
13  # 设置颜色值透明度
14  fire_img.set_colorkey((255, 0, 0)) # 红色透明
15  # fire_img.set_colorkey((0, 255, 0)) # 绿色透明
16  # fire_img.set_colorkey((0, 0, 255)) # 蓝色透明
17
18  while True:
19      screen.fill((0, 163, 150))
20      # 绘制图像
21      screen.blit(fire_img, (width // 2 -80, height // 2 -80))
22
23      for event in pygame.event.get():
24          if event.type == pygame.QUIT:
25              pygame.quit()
26              exit()
27
28      pygame.display.update()
```

技巧：读者可以尝试给加载的图片Surface对象优化alpha通道，即恢复注释掉的第11行代码，并注释掉第10行代码，运行程序查看运行效果之后，会发现设置的要透明显示的颜色值并没有透明显示，这是为什么呢？这是因为在Pygame程序中设置透明度时，像素透明度类型不能与颜色值透明度类型、图像透明度类型混合使用，一旦混合使用，颜色值透明度类型与图像透明度类型都将失效。

3.2.3 图像透明度

设置图像透明度类型是指调整整个图像的透明度，取值范围是0～255（0表示完全透明，255表示完全不透明，128表示半透明）。为了设置图像透明度，Surface对象提供了一个名为set_alpha()的函数，其参数是一个int或float类型的值，语法格式如下：

```
pygame.Surface.set_alpha(value)
```

实际开发中,图像透明度类型与颜色值透明度类型可以混用,例如,在实例3.3的设置颜色透明度下方增加如下代码:

```
fire_img.set_alpha(128)        # 设置图像透明度
```

运行程序,效果如图3.7所示。

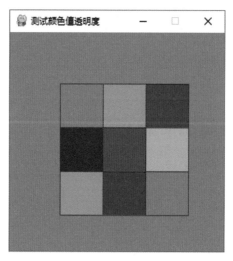

图3.7　设置图像透明度

3.3　窗口坐标系与pygame.Rect对象

3.3.1　窗口坐标系

在Pygame游戏窗口中,使用笛卡尔坐标系统来表示窗口中的点,如图3.8所示:游戏窗口左上角为原点(0,0)坐标;X轴为水平方向向右,且逐渐递增;Y轴为垂直方向竖直向下,且逐渐递增。有了窗口坐标系统,在游戏窗口中,通过X与Y的坐标可以精确确定在Pygame窗口中的每一个像素点的起始位置。

3.3.2　pygame.Rect对象

在Pygame游戏中,Surface对象的大小和位置可能互不相同,为了能够更好地对其进行量化管理,Pygame提供了一种新的数据结构,即pygame.rect.Rect()对象(简称为Rect对象),用于精确描述Pygame窗口中所有可见元素的位置,该对象又被称为矩形区域管理对象,它由left、top、width、height这4个值创建,如图3.9所示。

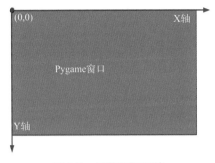

图3.8 屏幕坐标系统

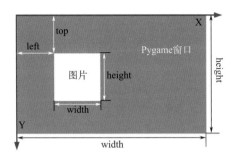

图3.9 Rect对象

图3.9中,白色矩形区域表示一个Rect对象的区域范围,其中,(left, top) 坐标点表示此Rect对象所确定的Surface对象在Pygame窗口中所处的起始位置,也就是左上角顶点坐标;width表示Rect矩形区域的宽度;height表示Rect矩形区域的高度。

说明:关于Rect对象的具体使用将在第7章进行详细讲解,这里简单了解即可。

3.4 控制帧速率

人类视觉的时间敏感性和分辨率根据视觉刺激的类型和特征而变化,并且在个体之间是不同的。又由于人类眼睛的特殊生理结构,如果所看画面的切换速率约高于20张/s时,就会认为是连贯的,该现象被称为视觉暂留,也就是动画,Pygame中动画的产生同样是基于该原理。

在Pygame中,可以通过设置帧速率实现动画效果,例如,在第一个Pygame程序中有如下代码:

```
29  pygame.display.update()          # 3.刷新
```

上面代码的作用是用来切换图片(擦除之后重新绘制)的,那么切换的速率应该如何设置呢?下面进行讲解。

说明:"帧率"的英文缩写为FPS(Frame Per Second),单位用赫兹(Hz)表示,意为每秒刷新绘制多少次。例如,一般的电视画面是24FPS;另外,在玩游戏时,如果帧率达到30FPS,基本就可以给玩家提供流畅的游戏体验了,而如果FPS<30,游戏会显得不连贯。在Pygame中,60FPS是常用的刷新帧率。

3.4.1 非精确控制——Clock().tick()

在Pygame游戏代码中,如何设置游戏帧率呢?首先Pygame给开发者提供了一个管理时间的子模块，叫作pygame.time，在该模块中又提供了一个名为pygame.time.Clock()的时钟对象（简称为Clock对象）来帮助跟踪管理时间，通过Clock对象可以轻松设置Pygame窗口的页面刷新帧率。代码如下：

```
01  clock = pygame.time.Clock()
02  FPS = 30
03  time_passed = clock.tick()
04  time_passed = clock.tick(FPS)
```

上面代码中，第1行代码初始化了一个Clock时钟对象；第2行代码定义了一个变量，用来指定刷新率；第3行代码用于计算从tick()函数上次调用以来经过的毫秒数；第4行代码在tick()函数中传递了一个可选的帧率参数，并且在Pygame绘制每一帧时加上它，则该函数将延迟游戏运行速度，使其Pygame窗口屏幕刷新速度低于每秒给定的帧率数。例如调用clock.tick(30)，则程序将永远不会超过每秒30帧。

这里需要说明的是，使用这种方法控制游戏帧率时，仅仅控制的是最大帧率，并不能代表用户看到的就是这个数字，有些时候机器性能不足，或者动画太复杂，实际的帧率可能达不到这个值。

3.4.2 精确控制——Clock().tick_busy_loop()

上面使用Clock().tick()可以做到控制游戏窗口的最大帧率，但如果要对帧率进行精确的控制，就需要使用tick_busy_loop()函数，该函数的使用方法与tick()函数类似，区别在于，该方法在控制帧率时，时间计算能够更加准确。示例代码如下：

```
01  clock = pygame.time.Clock()
02  FPS = 30
03  time_passed = clock.tick_busy_loop()
04  time_passed = clock.tick_busy_loop(FPS)
```

3.5 向量在Pygame中的使用

3.5.1 向量的介绍

向量（也称为欧几里得向量、几何向量、矢量），指具有大小（magnitude）和方向的量，它可以形象化地表示为带箭头的线段。箭头所指方向代表向量的方向，线段长度代表向量的大小。

说明：与向量对应的量叫作数量（物理学中称标量），数量（或标量）只有大小，没有方向。

向量的表示和坐标很像，(10,20)对坐标而言，就是一个固定的点，而在向量中，它意味着x方向行进10，y方向行进20，所以坐标(0,0)加上向量(10,20)后，就到达了点(10,20)。向量可以通过两个点计算出来，如下图3.10所示。

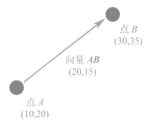

图3.10　向量AB的表示

点A经过向量AB到达了点B，则向量AB就是(30,35)-(10,20)=(20,15)，同样的原理，向量BA则是(-20,-15)。这里需要说明的是，向量AB和向量BA，虽然长度一样，但是方向不同，也就不是同一个向量。

Pygame中提供了一个名为pygame.math的数学库，该库中的pygame.math.Vector2()对象（简称为Vector2对象）表示二维向量，关于二维向量的相关函数都封装在了此对象之中。

创建Vector2对象的语法格式如下：

```
Vector2() -> Vector2
Vector2(int) -> Vector2
Vector2(float) -> Vector2
Vector2(Vector2) -> Vector2
Vector2(x, y) -> Vector2
Vector2((x, y)) -> Vector2
```

使用方法如下：

```
01  import pygame
02  vector = pygame.math.Vector2
03  ele = vector()            # <Vector2(0, 0)>
04  e_1 = vector(100)         # <Vector2(100, 100)>
05  e_2 = vector(100.5)       # <Vector2(100.5, 100.5)>
06  v_1 = vector(100, 200)    # <Vector2(100, 200)>
07  v_2 = vector((200, 300))  # <Vector2(200, 300)>
```

在以上代码中，第一种方式为创建零向量，第二种和第三种方式为创建向量的简写模式。

3.5.2　向量的使用

向量在游戏开发中经常会用到，下面介绍常见的几种向量操作。

创建给定向量的单位向量：

```
01  v_1 = vector(3, 4)   # 勾股定理
02  # 单位向量
03  v_1.normalize()  # <Vector2(0.6, 0.8)>
```

计算向量大小：

```
01  # 向量欧几里得长度
02  v_1.length()       #  5.0
03  # 向量平方大小
04  v_1.magnitude_squared() # 25.0
```

向量的数学运算：

```
01  v_2 = (100, 200)
02  # 加法
03  print(v_1 +v_2) # <Vector2(103, 204)>
04  # 减法
05  print(v_2 -v_1) # <Vector2(97, 196)>
06  # 数乘
07  print(v_2 / 10)   # <Vector2(10, 20)>
08  print(v_1 * 10)   # <Vector2(30, 40)>
09  # 标量积，是一个数量（没有方向）
10  v_1.dot(v_2)       # 1100.0
```

向量的旋转与缩放：

```
01  # 向量旋转
02  v_1.rotate(-90)  # <Vector2(4, -3)>
03  # 向量的缩放
04  v_1.scale_to_length(500) # 原地改变 v_1
05  print(v_1)         # <Vector2(300, 400)>
```

3.6　三角函数介绍及其使用

本节我们来学习Python内置模块math模块中的几个数学三角函数，之所以要学习三角函数，是因为在Pygame游戏开发中经常用到。例如，一个物体要按照一段圆弧为轨迹进行运动，随之而来的问题则是该如何获取这段圆弧之上每个点的坐标，这时就需要用到三角函数，类似这样的问题有很多。

math模块中提供的三角函数及其作用如表3.1所示。

表3.1 Python中的三角函数及其作用

函　　数	说　　明
math.acos(x)	返回 x 的反余弦弧度值
math.asin(x)	返回 x 的反正弦弧度值
math.atan(x)	返回 x 的反正切弧度值
math.cos(x)	返回 x 弧度的余弦值
math.sin(x)	返回 x 弧度的正弦值
math.tan(x)	返回 x 弧度的正切值
math.radians()	将角度转换为弧度
math.degrees()	将弧度转换为角度
math.atan2()	返回给定的 X 及 Y 坐标值的反正切值

下面介绍Python中三角函数的使用。

在Pygame窗口坐标系中，圆的常用度数和圆上的点的示例图如图3.11所示。

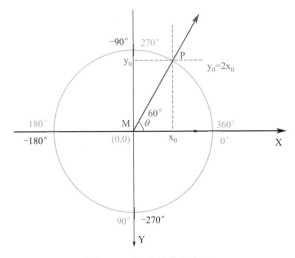

图3.11 圆上的点示例图

由图3.11可知，圆心正方向向右为0°方向，其次顺时针度数增加。在图3.11中，射线MP与X轴正方向的夹角为60°。若已知圆半径为r，则可以通过三角函数求得圆上P点的X、Y坐标，具体如下。

求P点的X坐标：

```
ra = math.radians(60)  # 角度转换为弧度
x0 = r * math.cos(ra)  # 余弦函数求P点X坐标
```

求P点的Y坐标：

```
ra = math.radians(60)  # 角度转换为弧度
```

y0 = r * math.sin(ra) # 正弦函数求P点Y坐标

角度与弧度之间转化的代码演示如下：

```
01  import math
02
03  # 输出常量值 π
04  print(math.pi)          # 3.141592653589793
05  # 角度制转弧度制
06  ra = math.radians(30)   # 0.5235987755982988
07  # 弧度制转角度制
08  math.degrees(ra)        # 29.999999999999996
09  math.degrees(math.pi / 2) # 90.0
```

遍历圆上359个点的X、Y坐标的代码如下：

```
01  radius = 100           # 半径
02  posi = (0, 0)          # 圆心坐标
03
04  for ra in range(360):
05      de = math.radians(ra)
06      x = math.cos(de) * radius +posi[0]
07      y = math.sin(de) * radius +posi[1]
08      print(f"角度：{ra}，圆上的点坐标为：({x}, {y})")
```

上面代码的实现流程为：①先将角度转换为弧度；②求点坐标X，其中，首先需将弧度带入余弦方法，然后乘以圆半径，得到假设同样大小的圆的圆心为坐标原点时，在圆周上相同弧度的点的X坐标，最后再加上真实圆的圆心X坐标（移动）；③按照步骤②的方法计算该点的Y坐标，只需将cos()方法改为sin()方法。

3.7　pygame.PixelArray对象

在Pygame中不能直接设置窗口上任意像素单元的颜色值[除非使用起点和终点相同的点来调用绘制线段的pygame.draw.line()函数，以实现单个像素的绘制]，示例代码如下：

```
09  pygame.draw.line(screen, (255, 0, 0, 0), (100, 100), (100, 100), 1)
```

但使用这种方法设置某个像素单元的颜色值时，是极其耗费资源的，在设置之前和之后Pygame框架都需要进行大量的准备工作，如果这种情况过多，游戏会出现明显的卡顿，严重影响用户体验和程序执行效率。

为了解决上面的问题，Pygame中提供了一个pygame.PixelArray()对象（简称为PixelArray对象），本节将对pygame.PixelArray()对象进行讲解。

3.7.1 PixelArray对象概述

pygame.PixelArray()对象使开发者能够以类似操作数组的方式来直接操作指定Surface对象上的任意一个像素点或批量像素点的颜色值，如图3.12所示。

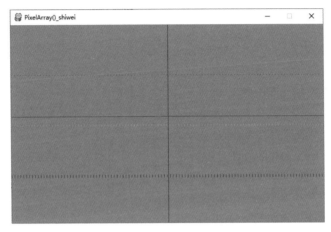

图3.12 通过PixelArray对象访问指定Surface对象上的像素点

创建PixelArray对象时，需要传入一个pygame.Surface对象，其返回的是一个该Surface()所对应的PixelArray()对象。

这里需要注意的是，创建一个Surface对象的PixelArray()对象时，将会锁定该Surface对象，而当一个Surface对象被锁定时，仍然能够在其上调用绘制（pygame.draw模块）函数，但不能使用该Surface对象的blit()方法来绘制其他的Surface对象，包括将该Surface对象充当为其他Surface对象调用blit()方法时的绘制对象。而要解锁Surface对象，只需删除该Surface对象所对应的PixelArray()对象即可。例如，获取一个图片Surface对象的PixelArray()对象，并设置指定像素点的颜色，最后删除该图片Surface对象的PixelArray()，代码如下：

```
01  # 加载一张图片Surface
02  img_sur = pygame.image.load("PATH").convert_alpha()
03  # 获取PixelArray()对象
04  pixel = pygame.PixelArray(img_sur)
05  # 设置像素点的颜色值
06  pixel[100][100] = pygame.Color("red")
07  # 删除 PixelArray()对象
08  del pixel  # 或执行此 PixelArray()对象的 close() 方法
09  # pixel.close()
```

上面代码等价于：

```
01  img_sur = pygame.image.load("PATH").convert_alpha()
02  with pygame.PixelArray(img_sur) as pixel:
03      pixel[100][100] = pygame.Color("red")
```

在以上代码中，使用了with语法的上下文管理协议，自动清理、释放代码块中程序所占用的资源，程序内部会自动调用close()方法。

技巧：

① 事实上对Surface对象的任何函数访问，都需要将该Surface对象先执行lock()，访问完成之后再unlock()该Surface对象。而默认情况下，绝大多数的函数都可以在底层自动独立地执行lock()和unlock()操作，而如果这些函数需要连续地多次调用执行，就会额外增加很多不必要的上锁和解锁操作，最好的办法是在调用前先手动上锁，然后在都调用完成之后再手动解锁。所有需要锁定该Surface对象的函数在官方的文档中都有仔细的说明，请读者自行查阅。一般情况下，不需要手动上锁与解锁，但若进行了手动上锁，完成函数的调用后一定要记得解锁。

② 如果想要查看某一个Surface对象是否处于锁定状态，Surface对象提供了一个名为get_locked()的方法来检测该Surface对象当前是否为锁定状态，如果Surface对象被锁定（无论被重复锁定多少次）则返回True，否则返回False。

3.7.2　PixelArray对象常见操作

由于PixelArray对象是一个二维列表，因此，要访问一个PixelArray对象中某一个像素点的颜色值，可以通过两个索引的形式来进行访问。代码如下：

```
01  pixel[200, 200] = pygame.Color("red")
02  pixel[200, 201] = 0xFF0000
03  pixel[200, 202] = (255, 0, 0)
```

当需要修改PixelArray对象的一系列像素点时，可以使用下标切片的方法，并遵循先列后行的原则。例如，修改某一行的所有像素点颜色等，代码如下：

```
01  # 将索引为第50、51的列的像素点都设置为绿色
02  pixel[50:52] = pygame.Color("green")
03  # 将索引为第60 的列的像素点都设置红色，第61 的列的像素点为绿色
04  # 颜色列表长度必须与索引的宽度匹配
05  pixel[60:62] = [pygame.Color("red"), pygame.Color("green")]
06  # 将索引为第100、101的行的像素点都设置为红色
07  pixel[:,100:102] = pygame.Color("red")
```

另外，使用下标切片也可分组，用以批量执行矩形像素操作。代码如下：

```
01  # 偶数列变为绿色
02  pixel[::2, :] = pygame.Color("green")
03  # 将列索引号能被5整除的所有列的像素点设置为红色
04  pixel[::5, :] = pygame.Color("red")
05  # 等价于
06  pixel[::5] = pygame.Color("red")
07  # 等价于
08  pixel[::5,...] = pygame.Color("red")# 省略号语法，表示包含所有，一直到无穷大
```

3.7.3 图像透明化处理

实例3.4 转换图片为透明格式（实例位置：资源包\Code\03\04）

通过使用PixelArray对象批量修改图片像素点颜色的方法设计一个图片透明化处理小工具，这里为了能够灵活配置原图片文件名和想要生成的图片文件名，在程序中添加了能够处理命令行参数的Python内置模块optparse的功能代码。

完整程序代码如下：

```
01  import optparse
02
03  import pygame
04
05  # 实例化一个 OptionParser 对象(可以带参，也可以不带参数)
06  # 带参的话会把参数变量的内容作为帮助信息输出
07  Usage = "图片透明格式转换"
08  Parser = optparse.OptionParser(usage=Usage)
09
10  def main(args):
11      pygame.init() # 设备初始化
12      size = 1, 1
13      pygame.display.set_mode(size)
14      # 加载图片生成图片Surface对象，并优化像素通道
15      img_sur = pygame.image.load(args[0]).convert_alpha()
16      # 获取PixelArray()对象
17      pixel = pygame.PixelArray(img_sur)
18      # 设置像素点的颜色值
19      pixel.replace((255, 255, 255, 255), (255, 255, 255, 0))
20      # 从当前的PixelArray创建一个新的Surface
21      sur = pixel.make_surface()
22      # 删除 PixelArray()对象
23      del pixel  # 或执行此 PixelArray()对象的 close() 方法
24      # 将当前Surface对象生成为图片保存
```

```
25        pygame.image.save(sur, args[1])
26        pygame.quit()
27        exit()
28
29   if __name__ == '__main__':
30        # 解析脚本输入的参数值,args是一个位置参数的列表
31        *_, args = Parser.parse_args()
32        if len(args) < 2:
33             raise("请输入原图片文件名和目标文件名!")
34        main(args)  # 转换图片格式
```

打开电脑cmd命令行窗口,切换工作目录到当前文件所在目录下;然后使用Python命令运行程序,并在文件名后输入两个图片文件名字符串,用空格分割;最后按下<Enter>回车键运行程序,即可成功完成图片的透明化处理。运行命令如下:

```
python demo.py source.png target.png
```

在cmd命令行窗口中执行的效果如图3.13所示,执行完后,可以分别打开两张图片进行对比查看。

图3.13 在cmd命令行窗口中执行的效果

3.8 Pygame的错误处理

在编写程序代码时,运行程序总会出现各种各样的错误,比如当内存用尽时,或者文件就不存在等,如果遇到这类问题,我们需要对程序中可能出现的错误进行处理。

例如,下面代码用来创建Surface对象:

```
09   screen = pygame.display.set_mode((640, -1), 0, 32)
```

但运行时出现了下面的错误提示:

```
Traceback (most recent call last):
  File "<absolute path>", line 12, in <module>
    screen = pygame.display.set_mode((640, -1), 0, 32)
pygame.error: Cannot set negative sized display mode
```

遇到这种问题，通常所用的方法是添加try…except异常处理语句，代码如下：

```
01  try:
02      screen = pygame.display.set_mode((640, -1), 0, 32)
03  except pygame.error as e:
04      print("Can't create the display ")
05      print(e)
06      sys.exit()
```

从上面的描述可以看出，Pygame中的错误捕捉实际上就是Python标准的错误捕捉方法。

3.9 综合案例——绘制动态太极图

使用本节学习的Pygame模块及三角函数相关知识绘制一个太极图，效果如图3.14所示。

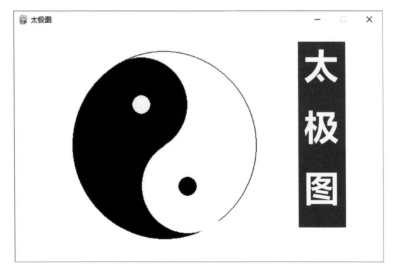

图3.14 动态太极图

通过Pygame模块实现动态太极图的绘制的具体操作如下。

① 在PyCharm中创建一个名为.py的文件，并导入模块。代码如下：

```
01  import math
```

```
02  import sys
03  from functools import lru_cache
04
05  # 导入pygame 及常量库
06  import pygame
07  from pygame.locals import *
```

说明：上面代码中的第3行所导入变量主要用于程序数据缓存的实现。例如，对于同一方法的相同参数的多次调用，在首次调用计算完成后，它可以将参数以及对应结果保存在内存中，便于下次调用相同参数时，可以直接从内存中将该参数所对应的结果值进行返回，而不用重新计算，进而优化程序。

② 定义程序中用到的常量。具体代码如下：

```
01  SIZE = WIDTH, HEIGHT = 640, 396
02  FPS = 60
03  BG_COLOR = pygame.Color("white")
04  BlACK = pygame.Color("black")
05  WHITE = pygame.Color("white")
06  FONT_BG_COLOR = (183, 23, 27, 100)
```

③ 定义一个名为cul_posi()的方法，用于实现计算并返回任意一个圆周上任意角度点的坐标，参数为一个角度值、圆心坐标以及圆半径。cul_posi()方法具体代码如下：

```
01  @lru_cache(maxsize=360 * 6)
02  def cul_posi(angle, posi, radius):
03      """ 计算圆心坐标 """
04      dot_x = round(math.cos(math.radians(angle)) * radius +posi[0])
05      dot_y = round(math.sin(math.radians(angle)) * radius +posi[1])
06      return (dot_x, dot_y)
```

④ Pygame游戏窗口的初始化以及变量的初始化赋值。具体代码如下：

```
01  pygame.init()
02  screen = pygame.display.set_mode(SIZE)
03  pygame.display.set_caption("太极图")
04  clock = pygame.time.Clock()
05  # 创建字体对象
06  font = pygame.font.Font("songti.otf", 60, )
07  # 太极图半径
08  radius = 160
09  # 起始角度
10  angle = 90
11  # 太极图中心坐标
12  posi = (WIDTH // 2 -60, HEIGHT // 2)
```

```
13  font.set_bold(True)
14  font_01 = font.render("太", True, WHITE, FONT_BG_COLOR)
15  font_02 = font.render("极", True, WHITE, FONT_BG_COLOR)
16  font_03 = font.render("图", True, WHITE, FONT_BG_COLOR)
17  font_rect = font_01.get_rect()
18  font_linesize = font.get_linesize()
19  print("font_rect = ", font_rect)  # 68, 61
20  print("font_linesize = ", font_linesize)  # 120
21  title_posi = (500, 40)
```

说明：上面代码中的第10行定义了一个初始角度angle变量，因为该角度为整个太极图中在计算第一个圆周上点的坐标时使用的角度值，而之后计算其他圆周上点的坐标时都是参考第一次使用的角度值angle的，因此在循环绘制Pygame帧图时，只需改变初始使用角度值angle，其他的点的坐标相应都会发生改变。由此实现太极图的动态旋转。

⑤ 通过循环绘制动态太极图，具体代码如下：

```
01  # 主体循环
02  while True:
03      # 1. 清屏
04      screen.fill(BG_COLOR)
05      # 2. 绘制
06      # 绘制实心圆
07      pygame.draw.circle(screen, BlACK, posi, radius)
08      # 计算长方形四个点的坐标
09      dot_x1, dot_y1 = cul_posi(angle, posi, radius)
10      dot_x4, dot_y4 = cul_posi(angle +180, posi, radius)
11      dot_x2, dot_y2 = cul_posi(angle +90, (dot_x1, dot_y1), radius)
12      dot_x3, dot_y3 = cul_posi(angle +90, (dot_x4, dot_y4), radius)
13      # 绘制填充四边形(长方形)
14      pygame.draw.polygon(screen, BG_COLOR, [(dot_x1, dot_y1), \
15                                             (dot_x2, dot_y2), \
16                                             (dot_x3, dot_y3), \
17                                             (dot_x4, dot_y4),])
18      # 绘制圆边框
19      pygame.draw.circle(screen, BlACK, posi, radius, 1)
20      # 计算两个小圆的圆心坐标
21      posi_x1, posi_y1 = cul_posi(angle, posi, radius / 2)
22      posi_x2, posi_y2 = cul_posi(angle, (dot_x4, dot_y4), radius / 2)
23      # 绘制两个填充小圆
24      pygame.draw.circle(screen, BlACK, (posi_x1, posi_y1), radius // 2)
25      pygame.draw.circle(screen, BG_COLOR, (posi_x2, posi_y2), radius // 2)
26      # 绘制太极各自的填充小圆心
27      pygame.draw.circle(screen, BlACK, (posi_x2, posi_y2), 16)
28      pygame.draw.circle(screen, BG_COLOR, (posi_x1, posi_y1), 16)
```

```
29      # 阴阳转换
30      angle += 1
31      if angle == 361:
32          angle = 0
33      # 绘制标题背景框
34      pygame.draw.rect(screen, FONT_BG_COLOR, (title_posi[0] -8, \
35                                               title_posi[1] -18, \
36                                               font_rect.width +16, \
37                                               16 +100 * 3))
38      # 绘制字体
39      screen.blit(font_01, title_posi)
40      screen.blit(font_02, (title_posi[0], title_posi[1] +100))
41      screen.blit(font_03, (title_posi[0], title_posi[1] +100 * 2))
42
43      for event in pygame.event.get():   # 事件索取
44          if event.type == QUIT:
45              pygame.quit()
46              sys.exit()
47      # 3.刷新
48      pygame.display.update()
49      clock.tick(FPS)
```

说明：上面代码中的第30行实现了太极图的动态旋转设置。

3.10 实战练习

使用Pygame设计一个简单的调色板程序，运行程序时，可以通过拖动红、绿、蓝色块上的白色圆点调整颜色，并在窗口的下方实时显示当前颜色和对应的色值，效果如图3.15所示。提示：需要使用pygame.draw模块中的rect()函数和circle()函数绘制矩形和圆。

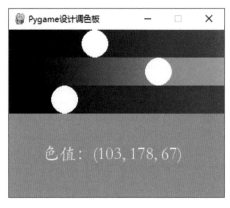

图3.15　使用Pygame设计调色板

字体和文字

本章将对Pygame游戏库中的font字体模块进行讲解。通过该模块,可以完成大多数与字体有关的操作,例如大多数游戏中显示比分、时间、生命值等信息的内容。

本章知识架构如下:

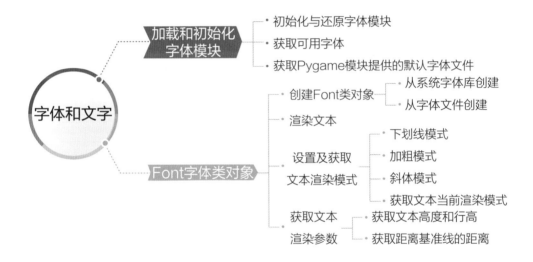

4.1 加载和初始化字体模块

pygame.font模块能够在一个新的Surface对象上表示TrueType字体(电脑轮廓字体的类型标准,扩展名为.ttf,它能够为开发者提供关于字体显示、不同字体大小的像素级显示等的高级控制),并且能够接收所有UCS-2字符('u0001'到'uFFFF')。

pygame.font模块是一个可选择模块,依赖于SDL_ttf,在使用之前,需要先测试该模块是否可用,并且对其进行初始化。测试pygame.font模块是否可用的命令如图4.1所示。

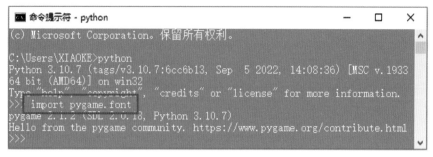

图4.1 测试pygame.font模块是否可用

说明：SDL_ttf是一个与SDL库一起使用并可移植的字体呈现库，它依赖于freetype2来处理TrueType字体，借助轮廓字体和反锯齿的强大功能，可以轻松获得高质量的文本输出。

pygame.font模块常用函数及说明如表4.1所示。

表4.1 pygame.font模块常用函数及说明

函　　数	说　　明
pygame.font.init()	初始化字体模块
pygame.font.quit()	还原字体模块
pygame.font.get_init()	检查字体模块是否被初始化
pygame.font.get_default_font()	获得默认字体的文件名
pygame.font.get_fonts()	获取当前所有可用的字体
pygame.font.match_font()	从系统中搜索一种特殊的字体
pygame.font.SysFont()	从系统字体库创建一个Font对象
pygame.font.Font()	从一个字体文件创建一个Font对象

4.1.1　初始化与还原字体模块

初始化pygame字体模块可以使用init()函数，该函数用于初始化pygame字体模块，返回值为None，其语法格式如下：

```
50  pygame.font.init()  # 初始化字体模块
```

另外，为了能够还原字体模式，可以使用quit()函数，该函数用于还原字体模块，返回值为None，语法格式如下：

```
51  pygame.font.quit()  # 还原字体模块
```

说明：即使字体模块没有被初始化，调用quit()函数也是线程安全的。

4.1.2 获取可用字体

在Pygame当中，可以使用get_fonts()函数获取当前系统中所有可使用的字体，返回值为一个字体类型列表，其中，所有的字体类型名都被设置为小写，并且空格和标点符号会被删除。get_fonts()函数语法格式如下：

pygame.font.get_fonts()

说明：get_fonts()函数在大多数系统内都是有效的，如果在一些系统中没有找到字体库，则会返回一个空的列表。

例如，使用下面代码可以获取本机的所有字体：

```
52  import pygame
53  print(pygame.font.get_fonts())
```

运行结果如下：

['arial', 'arialblack', ..., 'extra', 'arialms']

4.1.3 获取Pygame模块提供的默认字体文件

获取Pygame模块中的默认字体文件可以使用get_default_font()函数，其返回的是字体文件的名称，语法格式如下：

pygame.font.get_default_font()

运行结果为：

'freesansbold.ttf'

说明：freesansbold.ttf文件是Pygame模块的默认字体，该文件位置处于Pygame模块安装目录下，例如，该文件在笔者计算机中的目录为：C:\Program Files\Python310\Lib\site-packages\pygame。

4.2 Font字体类对象

在Pygame窗口中，文本是基于Surface对象来绘制的，而文本的Surface对象需要通过pygame.font.Font()对象（简称为Font对象）在一个新的Surface对象中渲染文本而生成。其中，文本的渲染可以设置为仿真的粗体或者为斜体特征，但建议使用一个本身就带有粗体和斜体字形的字体文件。Font字体类对象常用函数及说明如表4.2所示。

表4.2 pygame.font.Font类所提供的函数及其作用

函　数	说　明
pygame.font.Font.render()	在一个新的 Surface 对象上渲染文本
pygame.font.Font.size()	确定文本所需要的尺寸大小
pygame.font.Font.set_underline()	设置文本渲染是否为添加下划线模式
pygame.font.Font.get_underline()	判断文本是否开启为添加下划线模式
pygame.font.Font.set_bold()	设置文本渲染是否为加粗模式
pygame.font.Font.get_bold()	判断文本是否开启为加粗模式
pygame.font.Font.set_itailc()	设置文本渲染是否为斜体模式
pygame.font.Font.get_itailc()	判断文本是否开启为斜体模式
pygame.font.Font.get_height()	获取实际渲染文本的平均高度（以像素为单位）
pygame.font.Font.get_linesize()	获取该字体下单行的高度
pygame.font.Font.get_ascent()	获取字体顶端到文本基准线的距离
pygame.font.Font.get_descent()	获取字体底端到文本基准线的距离
pygame.font.Font.metrics()	获取字符串参数中每个字符的参数

4.2.1 创建Font类对象

（1）从系统字体库创建

Pygame.font模块中的Sysfont()函数用于从系统字体文件库创建一个Font对象，其语法格式如下：

```
SysFont(name,size,bold=False,itailc=False)->Font
```

参数说明如下：
- ☑ name：系统字体文件名，该参数中可以指定多个字体，中间用逗号隔开。
- ☑ size：字体大小。
- ☑ bold：是否加粗，默认为否。
- ☑ itailc：是否斜体，默认为否。

如果找不到一个合适的系统字体或者字体文件名为None时，该函数将会回退并加载默认的Pygame字体。

例如，使用多个字体创建一个Font对象，代码如下：

```
font = pygame.font.SysFont("arial,comicsansms,arialblack,consolas", 60)
```

（2）从字体文件创建

Pygame.fon子模块中的Font()方法，用于从一个自定义的字体文件创建一个Font对象。语法格式如下：

```
Font(file_path,size)->Font
```

参数说明如下:
- file_path:字体文件路径。
- size:字体大小。

说明:如果文件路径参数为None,该函数将会回退并加载默认的Pygame字体,等同于pygame.font.SysFont(None,size)函数;另外,也可以使用Pygame模块内置提供的字体文件,示例代码如下:

```
54  Font(pygame.font.get_default_font(), size)
```

注意:pygame默认加载的字体不是pygame模块内置自带的字体文件(pygame.font.get_default_font())。

4.2.2 渲染文本

Font对象提供了一个名为render()的函数,用于在一个新的Surface对象上渲染指定的文本,并返回一个文本Surface对象。render()函数语法格式如下:

```
picture = render(text,antialias,color,background)->Surface
```

参数说明如下:
- text:必需参数,要渲染的文本。
- antialias:必需参数,是否做抗锯齿处理。
- color:必需参数,文本前景色。
- background:可选默认参数,文本背景色。

render()函数非常重要,因为Pygame不能直接在一个现有的Surface对象上绘制文本,而是需要使用render()函数创建一个渲染了文本的Surface对象,然后再将这个Surface对象绘制到目标Surface对象(例如:屏幕、图片)上。

注意:使用render()函数渲染文本时,需要注意以下几点。

① 仅支持一行文本的渲染,回车符('\r')、换行符('\n')、制表符('\t')等字符不会被渲染,都将成为一个空格矩形被渲染,表示未知字符。

② !、#、@、¥、%等字符会被渲染。

③ background 为可选参数,如果没有传递background参数,则对应区域内表示的文本都将设置为透明。

④ 返回的Surface对象的尺寸为所需要的尺寸(Font.size()返回值相同),若渲染的文本为空时,将会返回一个空白Surface对象,它仅有一个像素点的宽度,高度与字体高度一样。

⑤ 字体渲染不是线程安全的行为,在任何时候只有一个线程可以渲染文本。

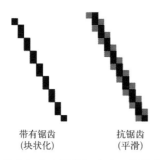

带有锯齿
（块状化）　　抗锯齿
（平滑）

图4.2　带有锯齿和做抗锯齿处理的线条放大图

⑥ 抗锯齿为一种图形技术，通过给文本和图像的边缘添加一些模糊效果，使其看上去不那么块状化，但抗锯齿效果的绘制需要多花一些计算时间，因此，尽管图形变得好看，但程序运行速度可能会变慢。放大带有锯齿和不带锯齿的线条，如图4.2所示。

实例4.1 演示文本渲染（实例位置：资源包\Code\04\01）

编写一个Python程序，通过一个宋体字体文件自定义Font对象，然后使用该Font对象渲染3个文本，并分别为这3个文本设置不同的前景色和背景色。程序代码如下：

```python
import pygame
from pygame.locals import *

SIZE = WIDTH, HEIGHT = 640, 396
FPS = 60
TITLE = "渲染文本"
BG_COLOR = 0, 163, 150

pygame.init()
screen = pygame.display.set_mode(SIZE)
pygame.display.set_caption(TITLE)
clock = pygame.time.Clock()
# 创建字体 Font() 对象
font = pygame.font.Font("songti.otf", 40)
sur_01 = font.render("前红 后绿", False, pygame.Color("red"), pygame.Color("green"))
sur_02 = font.render("前绿 后蓝", False, pygame.Color("green"), pygame.Color("blue"))
sur_03 = font.render("前蓝 后透明", False, pygame.Color("blue"))

running = True
# 程序运行主体循环
while running:
    # 1. 清屏(窗口纯背景色画纸的绘制)
    screen.fill(BG_COLOR)   # 先准备一块画布
    # 2. 绘制
    screen.blit(sur_01, (100, 100))
```

```
26      screen.blit(sur_02, (200, 200))
27      screen.blit(sur_03, (300, 300))
28
29      for event in pygame.event.get():   # 事件索取
30          if event.type == QUIT:   # 判断点击窗口右上角"X"
31              pygame.quit()          # 退出游戏,还原设备
32              exit()                 # 程序退出
33
34      # 3.刷新
35      pygame.display.update()
36      clock.tick(FPS)
```

程序运行效果如图4.3所示。

图4.3　渲染文本

4.2.3　设置及获取文本渲染模式

（1）下划线模式

Font对象提供了一个名为set_underline()的函数,用于为文本设置下划线模式,其语法格式如下:

Font.set_underline(bool)->None

下划线的高度与像素点的高度相同,与字体尺寸无关。字体添加下划线模式如图4.4所示。

图4.4　字体下划线模式

示例代码如下:

```
01  font = pygame.font.Font("songti.otf", 32)
02  font.set_underline(True)
```

（2）加粗模式

Font对象提供了一个名为set_bold()的函数，用于为文本设置加粗模式，其语法格式如下：

Font.set_bold(bool)->None

字体加粗是通过虚拟拉伸实现的，对大多数字体来说，并不是很美观，更好的解决方式是：在创建和初始化字体模块时，加载一个包含粗体格式的字体文件。字体加粗模式如图4.5所示。

图4.5　字体加粗模式

示例代码如下：

```
01  font = pygame.font.Font("songti.otf", 32)
02  font.set_bold(True)
```

（3）斜体模式

Font对象提供了一个名为set_italic()的函数，用于为文本设置斜体模式，其语法格式如下：

Font.set_italic(bool)->None

斜体是通过虚拟斜体字体实现的，对大多数字体来说，并不是很美观，更好的解决方式是：在创建和初始化字体模块时，加载一个包含斜体格式的字体文件。字体斜体模式如图4.6所示。

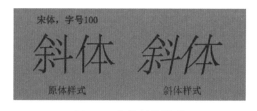

图4.6　字体斜体模式

示例代码如下：

```
01  font = pygame.font.Font("songti.otf", 32)
02  font.set_italic(True)
```

技巧：渲染文本时，下划线模式、粗体模式和斜体模式可以同时使用，即：Font 对象的 set_underline()、set_bold() 和 set_italic() 函数可以出现在同一段渲染字体的代码中。

（4）获取文本当前渲染模式

Font 对象为文本设置渲染模式的函数都是 set_ 开头的，而与之对应的，Font 对象提供了相应以 get_ 为开头的方法，用来获取文本的渲染模式。语法格式如下：

```
Font.get_underline()    ->bool
Font.get_italic()       ->bool
Font.get_bold()         ->bool
```

上面 3 个方法返回值都为 0 或 1，0 代表否定，1 代表肯定。示例代码如下：

```
01  import pygame
02  pygame.init()
03
04  font = pygame.font.Font(None, 32)
05
06  font.set_bold(True)
07  print(f"是否为下划线模式：= {font.get_underline()}")
08  print(f"  是否为粗体模式：= {font.get_bold()}")
09  font.set_italic(True)
10  font.set_bold(False)
11  print(f"  是否为斜体模式：= {font.get_italic()}")
12  print(f"  是否为粗体模式：= {font.get_bold()}")
```

运行结果为：

```
是否为下划线模式：= 0
  是否为粗体模式：= 1
  是否为斜体模式：= 1
  是否为粗体模式：= 0
```

4.2.4　获取文本渲染参数

（1）获取文本高度和行高

Font 对象提供了名为 get_height() 和 get_linesize() 的函数，分别用于获取 Font

对象绘制文本时的文本高度和行高，它们的语法格式如下：

```
Font.get_height()  ->int
Font.get_linesize()->int
```

以上两个函数的返回值都为int型，以像素为单位。

说明：文本高度是指字体内每个字符的平均规格；而行高是指单行文本的高度。

（2）获取距离基准线的距离

Font对象提供了名为get_ascent()和get_descent()的函数，分别用于获取Font对象绘制文本时与基准线的上端距和下端距，它们的语法格式如下：

```
Font.get_ascent()  ->int
Font.get_descent()  ->int
```

以上两个函数的返回值都为int型，以像素为单位。

字体的基准线、上端距、下端距示意图如图4.7所示。

图4.7　字体的基准线、上端距、下端距示意图

实例4.2 查看文本图像的参数（实例位置：资源包\Code\04\02）

创建一个Pygame程序，其中创建一个Font字体对象，然后查看文本图像对应的各参数的大小。具体代码如下：

```
01  import pygame
02
03  pygame.init()
04
05  # 创建字体 Font() 对象
06  font = pygame.font.SysFont("Airal", 20)
07  print("行高:",font.get_linesize()) # 行高
08  print("文本高:",font.get_height())    # 文本高
09  print("上端距:",font.get_ascent())    # 上端距
10  print("下端距:",font.get_descent())   # 下端距
11
12  # 创建文本图像 Surface 对象
```

```
13  text = font.render("pygame 字体", False, pygame.Color("red"))
14  print("文本图像尺寸:",text.get_size())         #  文本图像尺寸
```

程序运行效果如图4.8所示。

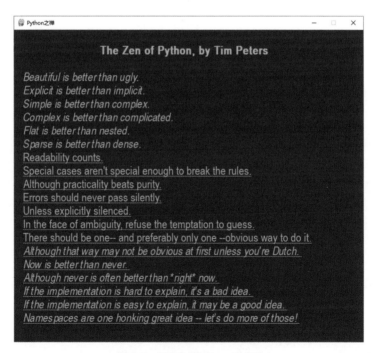

图4.8　查看文本图像的参数

4.3　综合案例——绘制"Python之禅"

本案例要求创建一个Pygame窗口程序，然后在窗口中绘制"Python之禅"的文本，案例运行效果图如图4.9所示。

图4.9　绘制"Python之禅"

技巧：可以在系统的cmd命令行窗口中输入以下命令来查看"Python之禅"的内容：

```
python -c "import this"
```

"Python之禅"原始内容及翻译成中文后的内容分别如图4.10和图4.11所示。

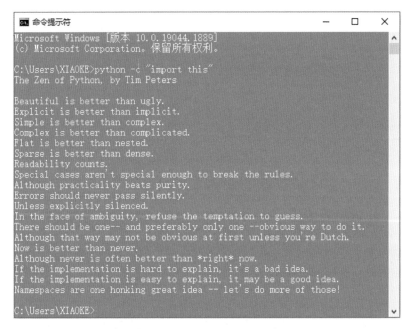

图4.10 "Python之禅"原始内容

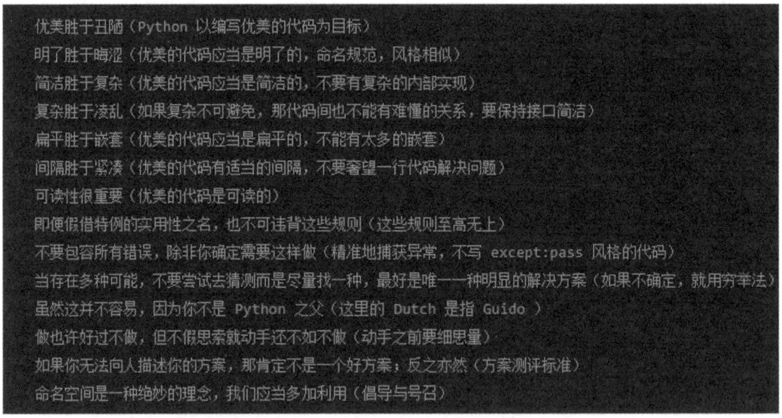

图4.11 "Python之禅"翻译成中文后的内容

使用Pygame实现绘制"Python之禅"文本的具体步骤如下。

① 引入Python最小开发框架。打开IDE开发环境，创建一个.py文件，并将2.2节中的Pygame最小开发框架代码复制到该文件中，代码如下：

```
01  import sys
```

```
02
03  # 导入pygame 及常量库
04  import pygame
05  from pygame.locals import *
06
07  SIZE = WIDTH, HEIGHT = 640, 396
08  FPS = 60
09
10  pygame.init()
11  screen = pygame.display.set_mode(SIZE)
12  pygame.display.set_caption("Pygame__施伟")
13  clock = pygame.time.Clock()
14  # 创建字体对象
15  font = pygame.font.SysFont(None, 60, )
16
17  running = True
18  # 主体循环
19  while running:
20      # 1. 清屏
21      screen.fill((25, 102, 173))
22      # 2. 绘制
23
24      for event in pygame.event.get():    # 事件索取
25          if event.type == QUIT:
26              pygame.quit()
27              sys.exit()
28      # 3. 刷新
29      pygame.display.update()
30      clock.tick(FPS)
```

② 创建一个名为get_zen_data()的方法，该方法中使用Python内置模块subprocess，在程序中执行终端命令，即python -c "import this"，以便获取"Python之禅"的原始内容。代码如下：

```
01  def get_zen_data():
02      """获取Python之禅"""
03      # 1.导包
04      import subprocess
05      # 2.执行 shell 命令
06      res = subprocess.Popen(args='python -c "import this"', \
07                             stdout=subprocess.PIPE, \
08                             shell=True,
09                             )
```

```
10        """ 参数解析
11            args：表示要执行的命令。必须是一个字符串或字符串参数列表
12            stdout：子进程标准输出，subprocess.PIPE 表示为子进程创建新的管道
13            shell： 表示使用操作系统的shell执行命令
14        """
15        # 3.从标准输出中读取数据
16        data = res.stdout.read()
17        data_list = [line for line in str(data).split("\\r\\n")]  # 切割大字符串
18        data_list.pop()
19        return data_list
```

说明：关于subprocess模块的更多用法请参考官方文档。

③ 在程序中加载字体模块，创建Font字体对象，渲染文本，然后在窗口中绘制即可，具体代码如下：

```
01  import sys
02
03  import pygame
04  from pygame.locals import *
05
06
07  def get_zen_data():
08      """ 获取Python之禅"""
09      # 此处代码省略
10
11  SIZE = WIDTH, HEIGHT = 800, 700
12  FPS = 60
13
14  # 设备初始化
15  pygame.init()
16  # 创建游戏窗口(本质也是一个Surface对象)
17  screen = pygame.display.set_mode(SIZE)
18  pygame.display.set_caption("Python之禅")
19  clock = pygame.time.Clock()
20  # 加载和初始化字体模块
21  # 1. 使用系统字体
22  font = pygame.font.SysFont("arial,comicsansms,consolas", 26)
23  # font = pygame.font.SysFont(None, 26)
24  # 2.使用字体文件
25  # default_font_file = pygame.font.get_default_font()
26  # font = pygame.font.Font("File_Path", 26)
```

```
27  # font = pygame.font.Font(None, 26)
28  # font = pygame.font.Font(default_font_file, 26)
29
30  # 获取文本行高
31  line_height = font.get_linesize()
32
33  running = True
34  # 程序运行主体循环
35  while running:
36      # 1.清屏
37      screen.fill((54, 59, 64))
38
39      for index, line in enumerate(get_zen_data()):
40          if index == 0:
41              font.set_bold(True)   # 首行开启粗体模式
42              line = line[2:].center(75, " ")
43          if index == 1:
44              font.set_bold(False)
45          # 索引为1～7 和 15～20行开启斜体模式
46          if index in range(1, 8) or index in range(15, 21):
47              font.set_italic(True)
48          else:
49              font.set_italic(False)
50          # 索引为8～20 行开启添加下划线模式
51          if index in range(8, 21):
52              font.set_underline(True)
53          else:
54              font.set_underline(False)
55          # 渲染字体(开启抗锯齿)，创建文本图像(Surface对象)
56          pic = font.render(line, True, (184, 191, 198))
57      # 2.绘制文本Surface对象到目标Surface对象(屏幕)上
58          screen.blit(pic, (20, (index +1) * line_height))
59
60      for event in pygame.event.get():    # 事件索取
61          if event.type == QUIT:    # 判断为程序退出事件
62              pygame.quit()         # 还原字体模块
63              sys.exit()            # 程序退出
64
65      # 3.刷新
66      pygame.display.update()
67      clock.tick(FPS)
```

说明：在展示代码时，对于之前已经讲解过的，在之后展示过程中涉及到的相同代码采用 Python 注释"# 此处代码省略"替代，例如上面的 get_zen_data() 方法的实现代码。在本书后续的内容中均默认使用此方法，遇到时将不再重复说明。

4.4 实战练习

成语填空游戏融合了成语元素，可使玩家在休闲娱乐中学到知识，因而广受欢迎。请设计一个 Pygame 窗口程序，要求绘制成两个成语填空的布局，如图 4.12 所示。

图 4.12 成语填空游戏界面效果

第 5 章 事件监听

本章将讲解 Pygame 中事件监听相关的知识，事件监听主要是监听用户的各种动作，比如，用户键盘输入、点击鼠标、操作游戏手柄等。Pygame 通过对各种动作的监听，可以获取用户的各种输入，从而可以更好地控制游戏，制作出更加优秀和令人着迷的游戏！

本章知识架构如下：

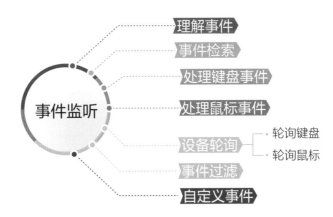

5.1 理解事件

在之前的程序中，当程序启动后，如果用户不进行任何操作，程序就会永远地运行下去，直到用户使用鼠标点击窗口右上角的关闭按钮，Pygame 才会监听到用户的相关动作，从而根据用户的动作引发 Pygame 中的 QUIT 事件，终止程序的运行，并关闭窗口。这里提到的 QUIT 事件就是 Pygame 中的一个关闭事件，它会根据用户的相关动作来确定是否执行。

事件的种类有很多，而且一个 Pygame 程序中可能有多个事件，Pygame 会将一系列的事件存放在一个队列中，然后逐个进行处理。常规的队列是由 Pygame.event.EventType 对象组成的，一个 EventType 事件对象由一个事件类型标识符和一组成员数据组成。例如前面提到的关闭窗口事件，它的事件类型标识符是QUIT，无成员数据。Pygame中的事件及其成员属性列表如表5.1所示。

表5.1　Pygame事件及其成员属性列表

事件类型	产生途径	成员属性
QUIT	用户按下关闭按钮	none
ACTIVEEVENT	Pygame被激活或者隐藏	gain, state
KEYDOWN	键盘被按下	unicode, key, mod
KEYUP	键盘被放开	key, mod
MOUSEMOTION	鼠标移动	pos, rel, buttons
MOUSEBUTTONDOWN	鼠标按下	pos, button
MOUSEBUTTONUP	鼠标放开	pos, button
JOYAXISMOTION	游戏手柄（Joystick or pad）移动	joy, axis, value
JOYBALLMOTION	游戏球（Joy ball）移动	joy, axis, value
JOYHATMOTION	游戏手柄（Joystick）移动	joy, axis, value
JOYBUTTONDOWN	游戏手柄按下	joy, button
JOYBUTTONUP	游戏手柄放开	joy, button
VIDEORESIZE	Pygame窗口缩放	size, w, h
VIDEOEXPOSE	Pygame窗口部分公开（expose）	none
USEREVENT	触发一个用户事件	code

5.2　事件检索

Pygame中的pygame.event子模块提供了很多的方法来访问事件队列中的事件对象，比如检测事件对象是否存在、从队列中获取事件对象等。pygame.event子模块中提供的函数及说明如表5.2所示。

表5.2　pygame.event子模块中提供的函数及说明

函数	说明
pygame.event.get()	从事件队列中获取一个事件，并从队列中删除该事件
pygame.event.wait()	阻塞直至事件发生才会继续执行，若没有事件发生将一直处于阻塞状态
pygame.event.set_blocked()	控制哪些事件禁止进入队列，如果参数值为None，则表示禁止所有事件进入
pygame.event.set_allowed()	控制哪些事件允许进入队列
pygame.event.pump()	调用该方法后，Pygame会自动处理事件队列
pygame.event.poll()	会根据实际情形返回一个真实的事件，或者一个None
pygame.event.peek()	检测某类型事件是否在队列中
pygame.event.clear()	从队列中清除所有的事件
pygame.event.get_blocked()	检测某一类型的事件是否被禁止进入队列
pygame.event.post()	放置一个新的事件到队列中
pygame.event.Event()	创建一个用户自定义的新事件

例如，在前面编写的程序中使用如下代码来遍历所有的事件：

```
20  for event in pygame.event.get()
```

上面代码中用到了get()函数，此函数用来从事件队列中获取一个事件，并从队列中删除该事件，其语法格式如下：

```
pygame.event.get() -> Eventlist
pygame.event.get(type) -> Eventlist
pygame.event.get(typelist) -> Eventlist
```

使用get()函数时，如果指定一个或多个type参数，那么只获取并删除指定类型的事件，例如：

```
01  events = pygame.event.get(pygame.KEYDOWN)
02  events = pygame.event.get([pygame.MOUSEBUTTONDOWN, pygame.QUIT])
```

注意：如果开发者只从事件队列中获取并删除指定的类型事件，随着程序的运行，事件队列可能会被填满，导致后续的事件无法进入事件队列，进而丢失。事件队列的大小限制为128。

另外，从事件队列中获取一个事件可以使用poll()函数或者wait()函数。其中，poll()函数会根据当前情形返回一个真实的事件，当队列为空时，它将立刻返回类型为pygame.NOEVENT的事件；而wait()函数是等到发生一个事件才继续下去，当队列为空时，它将继续等待并处于睡眠状态。poll()函数和wait()函数的语法格式如下：

```
pygame.event.poll() -> EventType instance
pygame.event.wait() -> EventType instance
```

实例5.1 打印输出所有事件（实例位置：资源包\Code\05\01）

在Pygame窗口中输出事件队列中的所有事件，代码如下：

```
01  import random
02  import pygame
03  import sys
04
05  SIZE = WIDTH, HEIGHT = 640, 396
06  FPS = 60
07
08  pygame.init()
09  screen = pygame.display.set_mode(SIZE, 0, 32)
10  pygame.display.set_caption("Event")
11  clock = pygame.time.Clock()
```

```
12  font = pygame.font.SysFont(None, 25)
13  font_height = font.get_linesize()        # 获取该文体单行的高度
14  event_list = []
15  line_num = SIZE[1]//font_height          # 屏幕可展示最大行数文字
16
17  running = True
18  # 主体循环
19  while running:
20      # 等待获取一个事件并删除
21      event = pygame.event.wait()
22      event_list.append(str(event))
23      # 保证 event_list 里面只保留可展示一个屏幕的文字
24      event_text = event_list[-line_num:]
25
26      if event.type == pygame.QUIT:
27          sys.exit()
28
29      screen.fill((54, 59, 64))
30
31      y = SIZE[1]-font_height
32      # 绘制事件文本
33      for text in reversed(event_list):
34          rgb = tuple((random.randint(0, 255) for i in range(3)))
35          screen.blit( font.render(text, True, rgb), (0, y))
36          y-=font_height
37
38      pygame.display.update()
```

运行程序，窗口中会显示每一个事件及其具体的成员参数值，如图5.1所示。

图5.1　打印输出所有事件

运行实例5.1时，如果不产生任何动作（事件），则窗口中的文本是不变的，这是因为，上面代码中的第21行使用了pygame.event.wait()函数，这时，如果监听不到动作，则程序会处于一个睡眠的状态。将第21行代码修改如下：

event = pygame.event.poll()

再次运行程序，效果如图5.2所示。

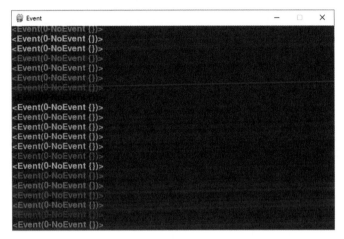

图5.2　将wait()函数修改为poll()函数后的效果

出现如图5.2所示的效果是因为程序中使用了pygame.event.poll()函数，这样，即使不产生任何动作，也依然会返回pygame. NOEVENT事件。

5.3　处理键盘事件

键盘事件主要涉及大量的按键操作，比如游戏中的上、下、左、右，或者人物的前进、后退等操作，这些都需要键盘来配合实现。Pygame中将键盘上的字母键、数字键、组合键等按键以常量的方式进行了定义。表5.3列出了常用按键的常量及说明。

表5.3　Pygame中的常用按键常量及说明

按键常量	说明	按键常量	说明
K_BACKSPACE	退格键（Backspace）	K_TAB	制表键（Tab）
K_SPACE	空格键（Space）	K_RETURN	回车键（Enter）
K_0, ..., K_9	0, ..., 9	K_a, ..., K_z	a, ..., z
K_KP0, ..., K_KP9	0（小键盘）, ..., 9（小键盘）	K_F1, ..., K_F15	F1, ..., F15
K_DELETE	删除键（delete）	KMOD_ALT	同时按下 Alt 键
K_UP	向上箭头（up arrow）	K_DOWN	向下箭头（down arrow）
K_RIGHT	向右箭头（right arrow）	K_LEFT	向左箭头（left arrow）

Pygame 中的键盘事件主要有以下两个成员属性：

☑ key：按键按下或放开的键值，是一个 ASCII 码值整型数字，例如 K_b 等。

☑ mod：包含组合键信息，例如，mod&KMOD_CTRL 为真，表示用户同时按下了 Ctrl 键。类似的还有 KMOD_SHIFT、KMOD_ALT 等。

实例5.2 记录键盘按下键字符（实例位置：资源包\Code\05\02）

设计一个 Pygame 窗口程序，当用户按下键盘上的按键时，实时在 Pygame 窗口中显示按下的键字符。具体代码如下：

```
01  import os
02  import sys
03  import pygame
04  from pygame.locals import *
05
06  SIZE = WIDTH, HEIGHT = 640, 396
07  FPS = 60
08
09  pygame.init()
10  # 窗口居中
11  os.environ['SDL_VIDEO_CENTERED'] = '1'
12  screen = pygame.display.set_mode(SIZE)
13  pygame.display.set_caption("记录键盘按下字符")
14  clock = pygame.time.Clock()
15  # 开启重复产生键盘事件功能(延迟,间隔),单位为毫秒
16  pygame.key.set_repeat(200, 200)
17  name = ""
18  font = pygame.font.SysFont('arial', 80)
19  group = [KMOD_LSHIFT, KMOD_RSHIFT, KMOD_LSHIFT +\
20          KMOD_CAPS, KMOD_RSHIFT +KMOD_CAPS]
21
22  while True:
23      screen.fill((0, 164, 150))
24      font_height = font.get_linesize()
25      text = font.render(name[-17:], True, (255, 255, 255))
26      height = HEIGHT/2 -font_height / 2
27      screen.blit(text, (30, height, 500, font_height))
28
29      evt = pygame.event.wait()
30      if evt.type == QUIT:
31          sys.exit()
32      # 按键释放
```

```
33      if evt.type == KEYUP:
34          if evt.mod in group:
35              pygame.key.set_repeat(200, 200)
36      # 按键按下
37      if evt.type == KEYDOWN:
38          if evt.key in [K_ESCAPE, K_q]: # 退出
39              pygame.quit()
40              sys.exit()
41
42          # 组合键若为 Shift 键，则加快回退的速度
43          if evt.mod in group:
44              if pygame.key.get_repeat() != (50, 50):
45                  pygame.key.set_repeat(50, 50)
46          if evt.key == K_BACKSPACE:      # 回退键
47              name = name[:-1]
48          else:
49              name += evt.unicode
50          if evt.key == K_RETURN:         # 回车键，清空
51              name = ""
52
53  pygame.display.update()
54  clock.tick(FPS)
```

上面代码中的第 16 行用到了一个 set_repeat() 函数，该函数用来控制重复响应持续按下按键的时间，其语法格式如下：

pygame.key.set_repeat(delay, interval) -> None

参数说明如下：

☑ delay：按键持续按下时想要响应的延迟按压时间，单位为毫秒。

☑ interval：持续响应时的间隔时间，单位为毫秒。

按照正常逻辑，当持续按下一个键时，应持续产生相同的事件并且响应，但 Pygame 中默认不会重复地去响应一个一直被按下的键，而只有在按键第一次被按下时才响应一次。如果需要重复响应一个按键，就需要使用 set_repeat() 函数设置。

程序运行效果如图 5.3 所示。

图 5.3　记录键盘按下键字符

5.4 处理鼠标事件

Pygame中提供了3个鼠标事件，分别是pygame. MOUSEMOTION、pygame. MOUSEBUTTONUP、pygame. MOUSEBUTTONDOWN。其中，当鼠标移动时触发pygame. MOUSEMOTION事件，当鼠标键被按下时触发pygame. MOUSEBUTTONDOWN事件，当鼠标键被释放时触发pygame. MOUSEBUTTONUP事件。不同的鼠标事件类型对应着不同的成员属性，下面分别介绍。

☑ 事件类型MOUSEMOTION的成员属性如下：

➢ buttons：一个包含3个值的元组，初始状态为(0,0,0)，3个值分别代表左键、中键和右键，1表示按下。

➢ pos：相对于窗口左上角，鼠标的当前坐标值(x,y)。

➢ rel：鼠标相对于上次事件的运动距离(X,Y)。

例如，使用下面代码可以获取当前鼠标坐标：

```
01  for event in pygame.event.get():
02      if event.type == MOUSEMOTION:
03          mouse_x ,mouse_y = event.pos
04          move_x ,move_y = event.rel
```

☑ 事件类型MOUSEBUTTONDOWN和MOUSEBUTTONUP的成员属性如下：

➢ button：鼠标按下或者释放时的键编号（整数），左键为1，按下滑轮为2，右键为3，向前滚动滑轮为4，向后滚动滑轮为5。

➢ pos：相对于窗口左上角，鼠标的当前坐标值(x,y)。

例如，使用下面代码可以获取当前鼠标单击时的坐标位置：

```
01  for event in pygame.event.get():
02      if event.type == MOUSEBUTTONDOWN:
03          mouse_down = event.button
04          mouse_down_x,mouse_down_y = event.pos
```

实例5.3 更换鼠标图片为画笔（实例位置：资源包\Code\05\03）

设计一个Pygame窗口程序，其中将鼠标图片更改为一个画笔图片，然后在窗口中绘制一条线段。代码如下：

```
01  import os
02  import pygame
03
04  SIZE = WIDTH, HEIGHT = 300, 200
```

```
05  FPS = 60
06
07  pygame.init()
08  # 窗口居中
09  os.environ['SDL_VIDEO_CENTERED'] = '1'
10  pos = (200, 300)        # 线段起点坐标
11  old_pos = (600, 300)    # 线段终点坐标
12  mouse_x, mouse_y = 100, 100
13  screen = pygame.display.set_mode(SIZE, 0, 32)
14  pygame.display.set_caption("PENCIL")
15  clock = pygame.time.Clock()
16  font = pygame.font.SysFont(None, 30)
17  # 加载画笔图片
18  replace_mou = pygame.image.load("mouse.png")
19
20  while True:
21      screen.fill((0, 163, 150))
22
23      # 等待获取一个事件并删除
24      event = pygame.event.wait()
25      if event.type == pygame.QUIT:
26          exit()
27      if event.type == pygame.MOUSEMOTION:
28          if event.buttons[0]:
29              old_pos = event.pos
30          mouse_x, mouse_y = event.pos
31      if event.type == pygame.MOUSEBUTTONDOWN:
32          pos = event.pos
33          old_pos = event.pos
34      if event.type == pygame.MOUSEBUTTONUP:
35          old_pos = event.pos
36
37      pygame.mouse.set_visible(False) # 隐藏鼠标
38      # 画线段
39      pygame.draw.line(screen, (255, 0, 0), (pos[0], pos[1] +19), \
40                       (old_pos[0], old_pos[1] +19), 1)
41      # 画画笔图片
42      screen.blit(replace_mou, (mouse_x, mouse_y, 20, 19))
43
44      pygame.display.update()
45      clock.tick(FPS)
```

读者可尝试保存并运行程序代码。运行效果图如图5.4所示。

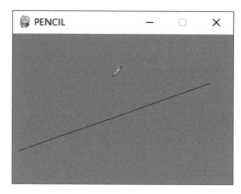

图5.4　实例5.3运行效果图

5.5　设备轮询

在Pygame中获取和检测事件时，除了使用pygame.event模块外，还可以使用设备轮询的方法来检测在某一设备上是否有事件发生，以便更高效地与程序进行交互。下面进行讲解。

5.5.1　轮询键盘

Pygame中提供了一个名为pygame.key的子模块，专门用来对键盘进行管理，轮询键盘可以使用该模块提供的get_pressed()函数，语法格式如下：

```
Pygame.key.get_pressed()->(bools,..., bools)
```

get_pressed()函数的返回值是一个元素都为布尔值（0/1）的元组，长度为323，元组中的每一个元素都代表一个按键的状态，而按键在元组的索引则根据按键对应的常量值来确定。比如，小写a的按键常量pygame.K_a的值为97，则键盘上的小写a键的状态就对应元组中下标为97的元素布尔值。

例如，使用get_pressed()函数轮询键盘，并在按下键盘上的Esc键时退出程序，代码如下：

```
01  keys = pygame.key.get_pressed()
02
03  if keys[pygame.K_ESCAPE]:
04      pygame.quit()
05      sys.exit()
```

pygame.key模块中除了get_pressed()函数外，还有其他与键盘相关的函数，如表5.4所示。

表5.4 pygame.key模块中的其他函数及说明

函　　数	说　　明
pygame.key.get_focused()	当窗口获得键盘的输入焦点时返回 True
pygame.key.get_mods()	检测是否有组合键被按下
pygame.key.set_repeat()	控制重复响应持续按下按键的时间
pygame.key.get_repeat()	获取重复响应按键的参数

实例5.4 打字小游戏（实例位置：资源包\Code\05\04）

使用Pygame设计一个打字小游戏，要求窗口中随机出现一个英文字母，然后用户通过键盘进行输入，如果输入正确，则自动切换下一个英文字母。代码如下：

```
01  import os
02  import random
03  import pygame
04  from pygame.locals import *
05
06  SIZE = WIDTH, HEIGHT = 300, 200
07  FPS = 60
08
09  def print_text(font, x, y, text, color=(255, 255, 255)):
10      imgText = font.render(text, True, color)
11      screen.blit(imgText, (x, y))
12
13  # 主程序
14  pygame.init()
15  # 窗口居中
16  os.environ['SDL_VIDEO_CENTERED'] = '1'
17  screen = pygame.display.set_mode(SIZE)
18  pygame.display.set_caption("打字小游戏")
19  clock = pygame.time.Clock()
20  font = pygame.font.Font(None, 200)
21  val = 97
22
23  while 1:
24      # 1.清屏
25      screen.fill((0, 164, 150))
26      # 事件索取
27      for event in pygame.event.get(pygame.QUIT):
28          if event:
29              pygame.quit()
```

```
30              exit()
31      # 键盘轮询
32      keys = pygame.key.get_pressed()
33      if keys[K_ESCAPE]:
34          exit()
35      if keys[val]:
36          val = random.randint(97, 122)
37
38      # 2.绘制
39      print_text(font, WIDTH // 2 -40, HEIGHT // 2 -70 , \
40                 chr(val -32), (255, 255, 255))
41      # 3.更新
42      pygame.display.update()
43      clock.tick(FPS)
```

程序运行效果如图5.5所示。

5.5.2 轮询鼠标

同轮询键盘类似，Pygame中提供了一个名为pygama.mouse的子模块，专门用于对鼠标进行管理，该模块中同样存在一个名为get_pressed()的函数，用于鼠标轮询，其语法格式如下：

图5.5 打字小游戏

```
pygame.mouse.get_pressed()->(bool,bool,bool)
```

get_pressed()的函数的返回值是一个长度为3的元组，元素值为布尔值（0/1），分别代表左键、中键、右键的按键状态。例如，当只有左键按下时，get_pressed()函数会返回(1,0,0)，而这时如果释放鼠标左键，则返回值会变成(0,0,0)。

pygame.mouse模块中除了get_pressed()函数外，还有其他与键盘相关的函数，如表5.5所示。

表5.5 pygame.mouse模块中的其他函数及说明

函 数	说 明
pygame.mouse.get_pos	获取鼠标光标的位置
pygame.mouse.get_rel	读取鼠标的相对移动
pygame.mouse.set_pos	设置鼠标光标的位置
pygame.mouse.set_visible	隐藏或显示鼠标光标
pygame.mouse.get_focused	检查程序界面是否获得鼠标焦点

5.6 事件过滤

Pygame 程序中并不是所有的事件都需要处理，比如坦克大战游戏中就不用鼠标，另外，在切换游戏场景时，通常按键事件都是不可用的。遇到类似的情况，我们完全可以忽略这些事件，只处理用到的事件，但这样有可能会造成事件队列的资源浪费，因此，最好的方法是过滤掉这些事件，使它们根本不进入 Pygame 事件队列，从而提高游戏的性能。

过滤事件的过程类似于生活中一些场所会限制特定人群进入的场景，在 Pygame 中，pygame.event 子模块中提供了一个名为 set_blocked() 函数，用于禁止指定类型的事件进入事件队列，其语法格式如下：

```
pygame.event.set_blocked(type) -> None
pygame.event.set_blocked(typelist) -> None
pygame.event.set_blocked(None) -> None
```

set_blocked() 函数默认允许所有类型事件进入事件队列，如果需要禁止事件进入事件队列，则将要禁止的事件传入该函数的参数即可，多个事件用列表表示。示例代码如下：

```
44  pygame.event.set_blocked([KEYDOWN, KEYUP])
```

与 set_blocked() 函数相对应的，我们也可以设置允许哪些事件类型进入 Pygame 事件队列，这需要使用 pygame.event 子模块提供的 set_allowed() 函数，其语法格式如下：

```
pygame.event.set_allowed(type) -> None
pygame.event.set_allowed(typelist) -> None
pygame.event.set_allowed(None) -> None
```

set_allowed() 函数同样默认允许所有类型事件进入事件队列，如果需要设置某些特定事件进入事件队列，则将要进入事件队列的事件传入该函数的参数即可，多个事件用列表表示。示例代码如下：

```
45  pygame.event.set_allowed([MOUSEMOTION, MOUSEBUTTONDOWN, MOUSEBUTTONUP])
```

5.7 自定义事件

使用 Pygame 开发游戏时，其自身提供的事件类型基本都能满足游戏需求，但在遇到一些特定的需求时，就需要用户通过自定义事件来满足，比如：基于事件输出的时间定时器、基于事件输出的背景音乐自动续播等。

在 Pygame 中自定义事件类型的步骤如下：
① 使用 pygame.event.Event 创造一个自定义类型的事件对象，语法格式如下：

```
pygame.event.Event(type, dict) -> EventType instance
pygame.event.Event(type, **dict) -> EventType instance
```

参数说明如下：
☑ type：事件类型，内置类型或自定义类型。
☑ dict：事件的成员属性字典。
② 使用 pygame.event.post() 函数传递事件，该函数语法格式如下：

```
pygame.event.post(Event) -> None
```

例如，使用上面两个步骤自定义一个基于 Pygame 内置事件类型 KEYDOWN 的事件，代码如下：

```
01  # 第1种方法
02  my_event = pygame.event.Event(KEYDOWN, key=K_SPACE, mod=0, unicode=u' ')
03  # 第2种方法
04  my_event = pygame.event.Event(KEYDOWN, {"key":K_SPACE, "mod":0,
                                              "unicode":u' '})
05  # 传递
06  pygame.event.post(my_event)
```

使用上面两个步骤自定义一个全新事件类型的事件，代码如下：

```
01  MSG = pygame.USEREVENT +1
02  my_event = pygame.event.Event(MSG, {"status":False, "code":200,
                                          "message":"ming ri"})
03  pygame.event.post(my_event)
04  # 检索获取该事件
05  for event in pygame.event.get():
06      if event.type == MSG:
07          if event.status:
08              print(event.message)
```

5.8 综合案例——挡板接球游戏

使用 Pygame 设计一个挡板接球游戏，具体要求为：一个小球在 Pygame 窗口中自由移动，在 Pygame 窗口的最底部有一个挡板，用户可以通过敲击键盘上的方向键使其左右移动来进行接球，当挡板接到小球时，小球会反弹，而如果挡板没有接住小球，则游戏结束。程序运行效果如图 5.6 所示。

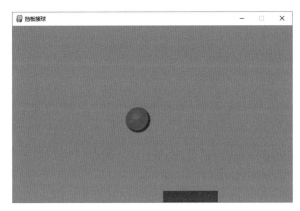

图 5.6 挡板接球游戏

使用 Pygame 开发挡板接球游戏的具体步骤如下：

① 在 PyCharm 中创建一个 py 文件，首先在文件头部导入需要用到的 Pygame 包、Pygame 常量库以及其他所需的 Python 内置模块，并定义窗体尺寸和帧率。代码如下：

```
01  import os
02
03  import pygame
04  from pygame.locals import *
05  from pygame.math import Vector2
06
07  # 窗体的尺寸
08  SIZE = WIDTH, HEIGHT = 640, 396
09  FPS = 60  # 帧率
```

② 定义一个名为 draw_text() 的方法，用于在游戏结束时绘制 "GAME OVER" 文本。代码如下：

```
01  def draw_text(font, text, color=(255,255,255)):
02      """ 绘制文本类 """
03      sur = font.render(text, True, color)
04      rec = sur.get_rect()
05      screen = pygame.display.get_surface()
06      rec.center = screen.get_rect().center
07      screen.blit(sur, rec)
```

③ 创建并初始化 Pygame 窗口，然后创建挡板、小球，以及一些挡板和小球的控制变量，例如：宽度、高度、坐标位置、速度等。代码如下：

```
01  # 初始化
02  pygame.init()
03  # 游戏窗口电脑屏幕居中
04  os.environ['SDL_VIDEO_CENTERED'] = '1'
05  # 创建游戏窗口
06  screen = pygame.display.set_mode(SIZE)
07  # 设置窗口标题
08  pygame.display.set_caption("碰壁的小球")
09  # 获取时间管理对象
10  clock = pygame.time.Clock()
11  # 创建字体对象
12  font = pygame.font.Font(None, 60)
13  # 加载图片
14  ball = pygame.image.load("ball.png").convert_alpha()
15  # 小球:（左上顶点坐标，宽，高）
16  ball_pos, ball_w, ball_h = Vector2(100, 0), 62, 62
17  # 小球 x 轴、y 轴的移动速度
18  speed = Vector2(4, 4)
19  # 创建挡板
20  platform = pygame.Surface((126, 26))
21  # 填充挡板绘制
22  platform.fill(pygame.Color("red"))
23  # 挡板:（左上顶点坐标，宽，高）
24  plat_pos, plat_w, plat_h = Vector2(WIDTH // 2, HEIGHT -26), 126, 26
```

说明：上面代码中定义小球的速度以及小球和挡板的坐标位置时用到了二维向量，目的是便于对参数的获取和设置。

④ 创建Pygame主体逻辑循环，在其中首先实现小球的绘制以及移动逻辑，然后绘制挡板，并实现挡板的左右移动逻辑，最后对挡板和小球进行边界检测，以及绘制游戏结束界面。代码如下：

```
01  # 程序运行主循环
02  while True:
03      screen.fill((0, 163, 150))  # 清屏
04
05      # 是否存在事件类型判断，程序结束
06      if pygame.event.peek(QUIT): exit()
07      # 键盘轮询
08      keys = pygame.key.get_pressed()
09      if keys[K_ESCAPE]: exit()
10      # 挡板的左右移动逻辑
11      dir = [ keys[K_LEFT], keys[K_RIGHT], (-5, 0), (5, 0)]
```

```
12      for k, v in enumerate(dir[0:2]):   # 判断移动方向
13          if v:
14              plat_pos += dir[k +2]
15              if plat_pos.x < 0: plat_pos.x = 0
16              if plat_pos.x +plat_w > WIDTH: plat_pos.x = WIDTH -plat_w
17              break
18      # 小球与窗体左、右、顶部 检测
19      if ball_pos.x < 0 or  ball_pos.x +ball_w > WIDTH:
20          speed.x = -speed.x
21      if ball_pos.y  < 0:
22          speed.y = -speed.y
23
24      # 小球与窗体底部检测
25      if ball_pos.y +ball_h >= HEIGHT:
26          pygame.event.clear()   # 清空 Pygame 事件队列
27          draw_text(font, "G A M E   O V E R")
28          pygame.display.update()   # 刷新
29          break                     # 跳出死循环
30
31      # 小球与挡板的碰撞检测
32      elif (ball_pos.x +ball_w // 2) in range(int(plat_pos.x), int(plat_pos.x +plat_w +1)) :
33          if ball_pos.y +ball_h >= plat_pos.y:
34              speed.y = -speed.y
35              # 防止小球上下来回跳，临界问题
36              if ball_pos.y +ball_h >= plat_pos.y:
37                  speed.y = -abs(speed.y)
38
39      screen.blit(ball, ball_pos) #  绘制
40      ball_pos += speed              #  移动
41      screen.blit(platform, plat_pos)
42
43      pygame.display.update()    #  刷新
44      clock.tick(FPS)                #  设置帧速
```

说明：上面代码的第36、37行，主要是为了防止小球在挡板上侧边缘卡住，不停地来回上下跳动。其主要原因是在y方向速度取反，小球移动一步之后，小球依然没有彻底离开挡板，在下一次循环时还是满足与挡板的碰撞条件，就这样，在y方向的速度一直在正与负之间进行交换，做的一直是抵消运动，所以才会上下振动。第25行代码是游戏结束判断，所做的操作是绘制"GAME OVER"文本，然后跳出循环。

⑤定义一个循环，主要通过监听事件实现窗体的关闭功能，代码如下：

```
01  # 程序结束循环
02  while True:  # 事件等待
03      if pygame.event.wait().type in [QUIT, KEYDOWN]: exit()
```

5.9 实战练习

设计一个Pygame窗口，要求使用键盘上的上、下、左、右按键控制一只小老虎在窗口中进行上、下、左、右移动，效果如图5.7所示。

图5.7　控制小老虎上、下、左、右移动

第6章 图形绘制

本章主要讲解如何在Pygame窗口的Surface对象上绘制一些基本的图形，例如直线、矩形、多边形、圆、弧线等，实现这些功能需要使用pygame.draw模块，本章将对其进行详细讲解。

本章知识架构如下：

6.1 pygame.draw模块概述

pygame.draw模块用于在Surface对象上绘制一些基础的图形，比如直线（线段）、矩形、多边形、圆（包括椭圆）、弧线等，其提供的函数及说明如表6.1所示。

表6.1 pygame.draw模块常用函数及说明

函　　数	说　　明
pygame.draw.rect()	绘制矩形
pygame.draw.ploygen()	绘制多边形
pygame.draw.circle()	绘制圆形
pygame.draw.ellipse()	绘制椭圆

续表

函　数	说　明
pygame.draw.arc()	绘制弧线
pygame.draw.line()	绘制线段
pygame.draw.lines()	绘制多条连续的线段
pygame.draw.aaline()	绘制抗锯齿的线段
pygame.draw.aalines()	绘制多条连续的抗锯齿的线段

6.2　使用pygame.draw模块绘制基本图形

6.2.1　绘制线段

pygame.draw模块的line()函数用于绘制直线（线段），其语法格式如下：

```
line(Surface,color,start_pos,end_pos,width=1)->Rect
```

参数说明如下：
- Surface：所要绘制线段的载体（Surface对象）。
- color：线段前景色。
- start_pos：线段起点坐标。
- end_pos：线段终点坐标。
- width：线的宽度。

实例6.1　绘制线段（实例位置：资源包\Code\06\01）

在Pygame窗口中绘制一条宽度为6像素的线段，效果如图6.1所示。

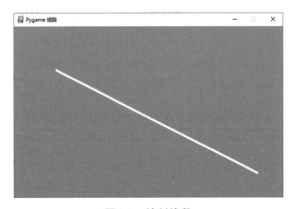

图6.1　绘制线段

程序代码如下：

```
01  import sys
02
03  import pygame
04  from pygame.locals import *
05
06  FPS = 60
07
08  # 初始化
09  pygame.init()
10  # 创建游戏窗口
11  screen = pygame.display.set_mode((640, 396))
12  pygame.display.set_caption("Pygame 线段")
13  clock = pygame.time.Clock()
14
15  # 程序运行主循环
16  while 1:
17      screen.fill((0, 163, 150))  # 1. 清屏
18      # 2. 绘制线段
19      pygame.draw.line(screen, (255, 255, 255), \
20                       (100, 100), (580, 340), 6)
21
22      for event in pygame.event.get():  # 事件索取
23          if event.type == QUIT:  # 判断为程序退出事件
24              sys.exit()
25      pygame.display.flip()  # 3. 刷新
26      clock.tick(FPS)
```

6.2.2 绘制矩形

pygame.draw模块中的rect()函数用于绘制矩形，其语法格式如下：

pygame.draw.rect(Surface,color,Rect,width=0)->Rect

参数说明如下：

☑ Surface：所要绘制矩形的载体（Surface对象）。

☑ color：矩形的前景色。

☑ Rect：一个pygame.Rect（矩形区域管理）对象。

☑ width：线的宽度。

说明：如果第4个参数width为0或省略，则表示填充矩形，它的效果等同

于pygame.Surface.fill()函数，但使用pygame.Surface.fill()函数填充矩形的效率更高。

实例6.2 绘制可移动的矩形（实例位置：资源包\Code\06\02）

绘制一个矩形，可以通过按键盘上的方向键移动该矩形，效果如图6.2所示。

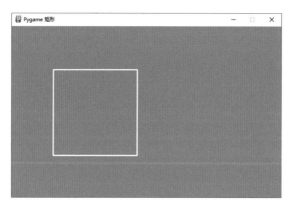

图6.2 绘制矩形

程序代码如下：

```
01  import sys
02
03  import pygame
04  from pygame.locals import *
05
06  BLACK = (255, 255, 255)            # 矩形前景色
07  Move_Speed = 7                     # 移动速度
08  FPS = 60
09
10  # 初始化
11  pygame.init()
12  # 创建游戏窗口
13  pygame.key.set_repeat(300, 50)   # 开启重复响应按键
14  screen = pygame.display.set_mode((640, 396))
15  pygame.display.set_caption("Pygame 矩形")
16  clock = pygame.time.Clock()
17  # 矩形所在的Rect对象
18  des_rect = pygame.Rect((100, 100, 200, 200))
19
20  # 程序运行主循环
```

```
21  while 1:
22      screen.fill((0, 163, 150))   # 1. 清屏
23      # 2. 绘制矩形
24      pygame.draw.rect(screen, BLACK, des_rect, 3)
25
26      for event in pygame.event.get():   # 事件索取
27          if event.type == QUIT:   # 判断为程序退出事件
28              sys.exit()
29          if event.type == KEYDOWN:
30              # 按键移动(左、上、右、下)
31              if event.key == K_LEFT:
32                  des_rect.move_ip(-Move_Speed, 0)
33              if event.key == K_UP:
34                  des_rect.move_ip(0, -Move_Speed)
35              if event.key == K_RIGHT:
36                  des_rect.move_ip(Move_Speed, 0)
37              if event.key == K_DOWN:
38                  des_rect.move_ip(0, Move_Speed)
39
40      pygame.display.flip()   # 3.刷新
41      clock.tick(FPS)
```

6.2.3 绘制多边形

pygame.draw模块中的polygon()函数用于绘制多边形，其语法格式如下：

polygon(Surface,color,pointlist,width=0)->Rect

参数说明如下：
☑ Surface：所要绘制多边形的载体（Surface对象）。
☑ color：多边形的前景色。
☑ pointlist：由多边形各个顶点所组成的列表。
☑ width：线的宽度。

实例6.3 绘制南丁格尔图（实例位置：资源包\Code\06\03）

南丁格尔图是弗罗伦斯·南丁格尔所发明的，又名为极区图、鸡冠花图、南丁格尔玫瑰图，它是一种圆形的直方图。本实例将通过使用pygame.draw模块中的polygon()函数绘制一个南丁格尔图，效果如图6.3所示。

图6.3 绘制南丁格尔图

程序代码如下:

```
01  import csv
02  import math
03  import os
04  import sys
05
06  # 导入pygame 及常量库
07  import pygame
08  from pygame import gfxdraw
09  from pygame.locals import *
10
11  SIZE = WIDTH, HEIGHT = 640, 820
12  FPS = 60
13  Dot = (WIDTH // 2, HEIGHT -130)  # 圆心点坐标
14  SCALE = 1                         # 收缩比例
15  BG_COLOR = pygame.Color("white")# 窗体背景色
16
17  def load_data():
18      """ 加载数据 """
19      dir = os.path.abspath(os.path.dirname(__file__))
20      file_path = os.path.join(dir, "outbreak.csv")
21      if not os.path.exists(file_path):
22          raise (file_path, "文件不存在,读取数据失败! ")
23      with open(file_path, 'r') as f:
24          reader = csv.reader(f)
```

```
25          res = list(reader)
26      return res
27
28  def point(angle, radius, Dot = Dot):
29      """ 获取圆上一点坐标 """
30      x = math.cos(math.radians(angle)) * radius +Dot[0]
31      y = math.sin(math.radians(angle)) * radius +Dot[1]
32      return x, y
33
34  pygame.init()
35  screen = pygame.display.set_mode(SIZE)
36  pygame.display.set_caption("南丁格尔图")
37  clock = pygame.time.Clock()
38  # 创建字体对象
39  font = pygame.font.Font("songti.otf", 50 * SCALE)
40  data = load_data()
41  average_ang = 360 // (len(data) -1) # 平均角度
42  font.set_bold(True)                    # 设置粗体
43  title = font.render("南丁格尔图", True, \
44                      (255, 255, 255), (183, 23, 27))
45  title_rect = title.get_rect()
46  title_posi = (WIDTH// 2 -title_rect.width // 2, 20)
47
48  running = True
49  # 主体循环
50  while running:
51      # 1. 清屏
52      screen.fill(BG_COLOR)
53      # 2. 绘制
54      # 绘制标题背景框
55      pygame.draw.rect(screen, (183, 23, 27, 100), (title_posi[0] -8, \
56                                                    title_posi[1] -8, \
57                                                    title_rect.width +16, \
58                                                    title_rect.height +16))
59      # 绘制标题
60      screen.blit(title, title_posi)
61      # 绘制南丁格尔图
62      for num, li in enumerate(data[1:], 1):
63          angle01 = (num -1) * average_ang -90
64          angle02 = num * average_ang -90
65          left = point(angle01, math.ceil(int(li[1]) * SCALE))
66          right = point(angle02, math.ceil(int(li[1]) * SCALE))
67          color = pygame.color.Color(li[2])
68          pygame.draw.polygon(screen, color, [Dot, left, right])
```

```
69      # 绘制中心填充区域
70      pygame.draw.circle(screen, BG_COLOR, Dot, 25)
71      for event in pygame.event.get():   # 事件索取
72          if event.type == QUIT:
73              pygame.quit()
74              sys.exit()
75      # 3.刷新
76      pygame.display.update()
77      clock.tick(FPS)
```

6.2.4 绘制圆

pygame.draw模块中的circle()函数用于绘制圆形，其语法格式如下：

circle(Surface,color,pos,radius,width=0)->Rect

参数说明如下：
☑ Surface：所要绘制圆形的载体（Surface对象）。
☑ color：圆前景色。
☑ pos：圆心点坐标。
☑ radius：圆半径。
☑ width：线的宽度。

技巧：可以通过绘制半径为1的圆来填充一些不规则的图形或者是绘制一些不规则的曲线。

实例6.4 绘制一箭穿心图案（实例位置：资源包\Code\06\04）

在Pygame窗口中绘制一箭穿心图案，其中，每一个心形图的曲边线都是用半径为1的小原点连续绘制而成的，最外侧的黑色边框是用半径为2、线宽为2的圆连续绘制而成的，而心形图的填充是用连续的大图套小图实现的。程序运行效果如图6.4所示。

图6.4 绘制一箭穿心图案

程序开发步骤如下：

① 在PyCharm中创建一个.py的文件，导入需要用到的Pygame模块、Python内建数学模块math。代码如下：

```
01  import math
02
03  import pygame
04  from pygame.locals import *
```

② 创建一个名为draw_txt()的方法，用于绘制图形中部的"I love you"文本，代码如下：

```
01  def draw_txt(text, posi, fgcolor, bgcolor, size):
02      """ 绘制文本 """
03      font = pygame.font.SysFont(None, size)
04      img = font.render(text, True, fgcolor, bgcolor)
05      screen.blit(img, posi)
```

③ 创建一个名为draw_line()的方法，用于绘制图形中的箭头，代码如下：

```
01  def draw_line(dot,color = pygame.Color("gold"), line_width = 9):
02
03      """ 绘制线段 """
04      pygame.draw.line(screen, color, dot[0], dot[1], line_width)
```

④ 创建一个名为draw_heart()的方法，用于绘制图形中的心形图，代码如下：

```
01  def draw_heart(dx, dy, r, is_border = True):
02      """ 绘制心形图
03          心形线的极坐标方程: ρ = a (1 +cos(θ))
04      """
05      i = 0   # 点的密度
06      while r >= 1:
07          while i <= 190:
08              m = i
09              n = -r * (((math.sin(i) * math.sqrt(abs(math.cos(i)))) / \
10                  (math.sin(i) +1.46)) -2 * math.sin(i) +1.83)
11              x = round(n * math.cos(m) +dx)
12              y = round(n * math.sin(m) +dy)
13              # 绘制心形图案边框为黑色
14              if is_border:
15                  pygame.draw.circle(screen, pygame.Color("black"), \
16                      (x, y), 2, 2)
```

```
17          else:
18              pygame.draw.circle(screen, pygame.Color("red"), \
19                               (x, y), 1, 0)
20          i += 0.03
21      is_border = False
22      r -= 1       # 减小心形图的大小
23      i = 0        # 下一个心形图从头开始绘制
```

说明：上面代码中，第7～20行代码用于实现一个心形图边框的绘制，然后以相同的绘制逻辑由外向内且逐渐减小大小地、连续地绘制，实现心形图的填充。第22行代码用以减小心形图的大小，第23行代码用以重置每个心形图的开始绘制位置。

⑤ 定义绘制图形时用到的变量，例如：各个心形图的绘制位置及大小、各个线段的端点坐标定义等。具体代码如下：

```
01  size = width, height = 640,396
02  dx, dy = width // 2 -30, 76       # 心形图位置坐标
03  r, i = 70, 0                      # 心形图的大小
04  # 定义四条线段的各个端点坐标
05  line01 = [(20, 23), (160, 89)]
06  slope = (line01[1][1] -line01[0][1]) / \
07          (line01[1][0] -line01[0][0])    # 斜率
08  line02_first = (410, 182)
09  line02_end = [586, \
10               (586 -line02_first[0]) * slope +\
11               line02_first[1]]
12  line03 = [line02_end, (line02_end[0] -18, \
13                         line02_end[1] -35)]
14  line04 = [line02_end, (line02_end[0] -43, \
15                         line02_end[1] +15)]
```

说明：上面代码中的第6行用于计算图形中左上角线段的斜率，目的是在绘制右下角箭头线段时，能够与左上角线段保持同样的斜率。

⑥ 初始化Pygame窗口，以及设置标题和填充背景色，代码如下：

```
01  # 初始化及参数设置
02  pygame.init()
03  screen=pygame.display.set_mode(size)
04  pygame.display.set_caption("一箭穿心")
05  screen.fill(pygame.Color("white"))
```

⑦ 调用自定义的方法绘制一箭穿心图案中的各个图形元素，代码如下：

```
01  # 绘制左上方线段
02  draw_line(line01)
03  # 绘制第一个心形图
04  draw_heart(dx, dy, r)
05  dx += 100
06  dy += 30
07  r, i = 70, 0
08  is_border = True
09  # 绘制第二个心形图
10  draw_heart(dx, dy, r)
11  # 绘制心语
12  draw_txt("I love you", (width // 2 -120, dy), \
13          pygame.Color("black"), pygame.Color("red"), 70)
14  # 绘制右下方箭头
15  draw_line([line02_first, line02_end])
16  draw_line(line03)
17  draw_line(line04)
18  pygame.display.update()   # 窗口像素刷新
```

⑧ 定义程序主循环体，其中通过监听Pygame窗口的QUIT事件，来确定是否退出程序，代码如下：

```
01  while True:
02      for eve in pygame.event.get():
03          if eve.type == QUIT:
04              exit()
```

6.2.5 绘制椭圆

pygame.draw模块中的ellipse()函数用于绘制椭圆，其语法格式如下：

ellipse(Surface,color,Rect,width=0)->Rect

参数说明如下：
☑ Surface：所要绘制椭圆的载体（Surface对象）。
☑ color：椭圆前景色。
☑ Rect：椭圆的外接矩形。
☑ width：线的宽度。

实例6.5 绘制椭圆（实例位置：资源包\Code\06\05）

绘制一个椭圆，并且显示绘制此椭圆时所基于的矩形，效果如图6.5所示。

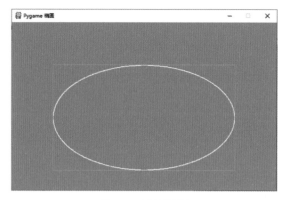

图6.5 绘制椭圆

程序代码如下：

```
01  import sys
02
03  import pygame
04  from pygame.locals import *
05
06  FPS = 60
07  # 初始化
08  pygame.init()
09  # 创建游戏窗口
10  screen = pygame.display.set_mode((640, 396))
11  pygame.display.set_caption("Pygame 椭圆")
12  clock = pygame.time.Clock()
13
14  # 程序运行主循环
15  while 1:
16      screen.fill((0, 163, 150))  # 1. 清屏
17      # 2. 绘制椭圆
18      pygame.draw.ellipse(screen, (255, 255, 255), (100, 100, 440, 250), 3)
19      # 绘制椭圆的外接矩形
20      pygame.draw.rect(screen,(0, 255, 0), (100, 100, 440, 250), 1)
21      for event in pygame.event.get():  # 事件索取
22          if event.type == QUIT:  # 判断为程序退出事件
23              sys.exit()
24
25      pygame.display.flip()  # 3.刷新
26      clock.tick(FPS)
```

6.2.6 绘制弧线

pygame.draw 模块中的 arc() 函数用于绘制弧线，其语法格式如下：

```
arc(Surface,color,start_angle,stop_angle,width=1)->Rect
```

参数说明如下：
- ☑ Surface：所要绘制弧线的载体（Surface对象）。
- ☑ color：弧线前景色。
- ☑ start_angle：开始的弧度。
- ☑ stop_angle：结束的弧度。
- ☑ width：线的宽度。

实例6.6 绘制WIFI信号图（实例位置：资源包\Code\06\06）

在Pygame窗口中模拟绘制一个WIFI信号图，效果如图6.6所示。

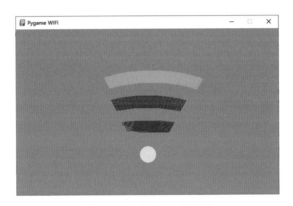

图6.6 绘制WIFI信号图

程序代码如下：

```
01  import math
02  import sys
03
04  import pygame
05  from pygame.locals import *
06
07  FPS = 60
08  start_radi = math.radians(60)  # 弧形开始角度
09  end_radi = math.radians(120)   # 弧形结束角度
10  size = width, height = 640, 396
11  posi = (width // 2, 300)   # WIFI 位置
12
13  # 初始化
14  pygame.init()
15  # 创建游戏窗口
16  screen = pygame.display.set_mode(size)
```

```
17  pygame.display.set_caption("Pygame WIFI")
18  clock = pygame.time.Clock()
19
20  # 程序运行主循环
21  while 1:
22      screen.fill((0, 163, 150))  # 1. 清屏
23      # 2. 绘制弧线
24      pygame.draw.arc(screen, (0, 255, 0), \
25              (posi[0] -240, posi[1] -200, 500, 300), \
26                  start_radi , end_radi, 30) # (x -240, y -200)
27      pygame.draw.arc(screen, (255, 0, 0), \
28              (posi[0] -190, posi[1] -140, 380, 180), \
29                  start_radi , end_radi, 30) # (x -190, y -140)
30      pygame.draw.arc(screen, (0, 0, 255), \
31              (posi[0] -130, posi[1] -80, 260, 60), \
32                  start_radi , end_radi, 30)
33      pygame.draw.circle(screen, (255, 255, 0), \
34                      posi, 20, 0)
35      for event in pygame.event.get():  # 事件索取
36          if event.type == QUIT:  # 判断为程序退出事件
37              sys.exit()
38
39      pygame.display.flip()  # 3.刷新
40      clock.tick(FPS)
```

6.3 综合案例——会动的乌龟

结合本章所学内容，在Pygame窗口中绘制一只会动的乌龟，运行效果如图6.7所示。

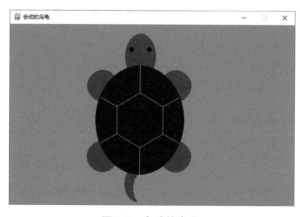

图6.7 会动的乌龟

通过 Pygame 模块实现会动的乌龟图的步骤如下：

① 在 PyCharm 中创建一个 py 的文件，导入需要用到的 Pygame 模块、常量子模块，以及 Python 内置模块 os。代码如下：

```
01  import os
02
03  import pygame
04  from pygame.locals import *
```

② 初始化 Pygame 设备，并对窗口参数及需要用到的变量进行初始化，代码如下：

```
01  # 初始化
02  pygame.init()
03  # 游戏窗口居中
04  os.environ['SDL_VIDEO_CENTERED'] = '1'
05  # 创建游戏窗口
06  screen = pygame.display.set_mode((640, 396))
07  pygame.display.set_caption("会动的乌龟")
08  # 背景颜色
09  bg_rgb = (0, 164, 150)
10  # 乌龟主体色
11  tor_rgb = (0, 100, 0)
12  # 乌龟的坐标位置
13  x, y = 260, 20
14
15  # 壳背多边形顶点列表
16  point_list = [(x+34, y+130), (x+86, y+160), (x+86, y+220), \
17                (x+34, y+250), (x-18, y+220), (x-18, y+160)]
```

说明： 由于乌龟后期要实现移动的效果，因此必须在绘制乌龟各个元素时有一个参考坐标点，并在此坐标点上进行相应的增加和减少，上面代码中的第 13 行就是设置乌龟的原始参考坐标点。

③ 创建一个 Pygame 主逻辑循环，其中调用 pygame.draw 模块中的相应函数绘图乌龟图中的各个元素，代码如下：

```
01  # 程序运行主逻辑循环
02  while True:
03      screen.fill(bg_rgb)  # 1. 清屏
04      # 2. 绘制
05      # 画脑袋
06      pygame.draw.ellipse(screen, tor_rgb, (x, y, 70, 100), 0)
07      # 画眼睛
```

091

```
08      pygame.draw.ellipse(screen, (0, 0, 0), (x+10, y+30, 10, 10), 0)
09      pygame.draw.ellipse(screen, (0, 0, 0), (x+50, y+30, 10, 10), 0)
10      # 画尾巴
11      pygame.draw.ellipse(screen, tor_rgb, (x, y+290, 60, 80), 0)
12      pygame.draw.ellipse(screen, bg_rgb, (x+20, y+300, 60, 80), 0)
13      # 画四条腿
14      pygame.draw.circle(screen, tor_rgb, (x-50, y+115), 35, 0)   # 左上
15      pygame.draw.circle(screen, tor_rgb, (x+115, y+115), 35, 0)  # 右上
16      pygame.draw.circle(screen, tor_rgb, (x-50, y+270), 35, 0)   # 左下
17      pygame.draw.circle(screen, tor_rgb, (x+115, y+270), 35, 0)  # 右下
18      # 画壳子
19      pygame.draw.ellipse(screen, (0, 50, 0), (x-66, y+70, 200, 240), 0)
20      # 画壳背多边形
21      pygame.draw.polygon(screen, (255, 255, 0), point_list, 1)
22      # 画线段
23      pygame.draw.line(screen, (255, 255, 0), point_list[0],
        (point_list[0][0], point_list[0][1]-60), 1)
24      pygame.draw.line(screen, (255, 255, 0), point_list[1],
        (point_list[1][0]+37, point_list[1][1]-20), 1)
25      pygame.draw.line(screen, (255, 255, 0), point_list[2],
        (point_list[2][0]+37, point_list[2][1]+20), 1)
26      pygame.draw.line(screen, (255, 255, 0), point_list[3],
        (point_list[3][0], point_list[3][1]+60), 1)
27      pygame.draw.line(screen, (255, 255, 0), point_list[4],
        (point_list[4][0]-37, point_list[4][1]+20), 1)
28      pygame.draw.line(screen, (255, 255, 0), point_list[5],
        (point_list[5][0]-37, point_list[5][1]-20), 1)
29
30      for event in pygame.event.get():   # 事件索取
31          if event.type == QUIT:   # 判断为程序退出事件
32              exit()
33
34      pygame.display.update()   # 3.刷新
```

④ 在程序主循环中监听键盘的方向键事件，并根据监听到的事件改变乌龟的坐标，从而实现乌龟移动的效果，代码如下：

```
01  # 轮询键盘事件
02  keys = pygame.key.get_pressed()
03  if keys[K_LEFT]:
04      x -= 1
05  if keys[K_UP]:
06      y -= 1
07  if keys[K_RIGHT]:
```

```
08        x += 1
09    if keys[K_DOWN]:
10        y += 1
11    # 重置壳背多边形顶点列表
12    point_list = [(x +34, y +130), (x +86, y +160), (x +86, y +220),
      \(x +34, y +250), (x -18, y +220), (x -18, y +160)]
```

6.4 实战练习

在Pygame窗口中绘制一个层叠的正方形图案，效果如图6.8所示。

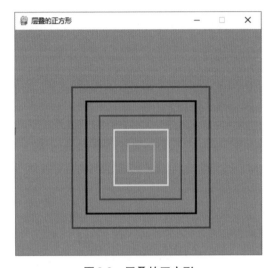

图6.8　层叠的正方形

第 7 章

位图图形

本章主要对游戏开发中最常用到的位图及其相关知识进行讲解。在 Pygame 游戏开发中，位图使用 Surface 对象来表示，我们在 Pygame 游戏中绘制的任何内容都是基于 Surface 对象进行的，而每一个 Surface 对象都有一个与之对应的 Rect 对象，用来确定其位置和大小。

本章知识架构如下：

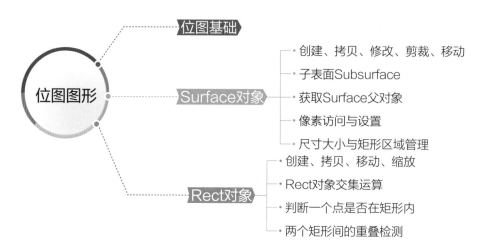

7.1 位图基础

位图是什么？对于刚接触 Pygame 的学习者来说，肯定会觉得很迷惑，但通过我们前面的学习，大家应该都注意到每个 Pygame 程序中都有如下的一行代码：

```
screen = pygame.display.set_mode((width, height))
```

使用上面代码时，如果不指定尺寸，程序会创建一个与屏幕大小相同且背景为纯黑色的 Pygame 窗体，我们看到代码中使用了一个变量 screen 来接收值，这里的screen被称为屏幕窗口,它本质上是Pygame中的一个类实例——pygame.Surface(),即pygame.Surface类的对象,而Pygame中的位图其实就是Surface对象。

7.2 Surface对象

pygame.Surface类对象表示一个矩形的2D图形对象,它可以是一个容器、一个载体,也可以是一个空白的矩形区域,或者是加载的任意一张图片,甚至可以把它理解成一个会刷新的画纸。对于Pygame游戏开发而言,开发者可以在任意一个Surface上对它进行涂画、变形、复制等操作,然后再将此Surface绘制到用于显示窗口的Surface上。

说明:在一个Surface对象上绘制显示内容,要比将一个Surface对象绘制到计算机屏幕上效率高很多,这是因为修改计算机内存比修改显示器上的像素要快很多。

7.2.1 创建Surface对象

Surface对象的创建方式主要有以下两种。

① 使用pygame.Surface类的构造方法来创建,语法格式如下:

```
pygame.Surface((width, height), flags=0, depth=0, masks=None) -> Surface
pygame.Surface((width, height), flags=0, Surface) -> Surface
```

参数说明如下:
- ☑ width:必需参数,宽度。
- ☑ height:必需参数,高度。
- ☑ flags:可选参数,显示格式。flags参数有两种格式可选。
  - ➢ HWSURFACE:将创建的Surface对象存放于显存中。
  - ➢ SRCALPHA:使每个像素包含一个alpha通道。
- ☑ depth:可选参数,像素格式。
- ☑ masks:可选参数,像素遮罩。

由于Surface对象具有默认的分辨率和像素格式,因此,在创建一个新的Surface对象时,通常只需要指定尺寸即可。例如,下面代码将创建一个400×400(像素)的Surface。

```
bland_surface = pygame.Surface((400, 400))
```

如果在创建Surface对象时只指定了尺寸大小,Pygame会自动将创建的Surface对象设定为与当前显示器最佳匹配的效果;而如果在创建Surface对象时将flags显示格式参数设置成了SRCALPHA,则depth参数建议设置为32。示例代码如下:

```
bland_alpha_surface = pygame.Surface((256, 256),  flags=SRCALPHA, depth=32)
```

② 从文件中加载图片创建图片 Surface 对象。加载图片需要使用 Pygame 内置子模块 pygame.image 中的一个名为 load() 的方法，其语法格式如下：

```
pygame.image.load(filename) -> Surface
```

filename 参数用来指定要加载的图片文件名，其支持的图片类型如表 7.1 所示。

表7.1 支持的图片格式

格式	格式	格式	格式
JPG	PNG	GIF	BMP
PCX	TGA	TIF	LBM
PBM	XPM		

示例代码如下：

```
Panda_sur = pygame.image.load(panda_image_filename)
```

通过 pygame.font.Font() 对象渲染一段文本所构建的文本 Surface 对象，其具体使用方法可参考 4.2 节。

7.2.2 拷贝 Surface 对象

使用 copy() 函数可以对 Scrface 对象进行拷贝，该函数没有参数，返回值是一个与要拷贝 Surface 对象具有相同尺寸、颜色等信息的新的 Surface 对象，但它们是两个不同的对象。

示例代码如下：

```
01  import pygame
02
03  pygame.init()
04
05  sur_obj = pygame.Surface((200, 300))
06  new_obj = sur_obj.copy()
07  if sur_obj.get_colorkey() == new_obj.get_colorkey():
08      print("颜色值透明度相同")
09  if sur_obj.get_alpha() == new_obj.get_alpha():
10      print("图像透明度相同")
11  if sur_obj.get_size() == new_obj.get_size():
12      print("尺寸相同")
13  if sur_obj == new_obj: print("值相同")
14  else: print("值不同")
```

```
15  if sur_obj is new_obj: print("地址相同")
16  else: print("地址不同")
```

运行结果如下:

颜色值透明度相同
图像透明度相同
尺寸相同
值不同
地址不同

7.2.3 修改Surface对象

为了使开发的程序具有更高的性能,通常需要对Surface对象进行修改,修改Surface对象可以分别使用Surface类的convert()和convert_alpha()函数实现,下面分别进行讲解。

① convert()函数可以修改Surface对象的像素格式,其语法格式如下:

```
pygame.Surface().convert(Surface) -> Surface
pygame.Surface().convert() -> Surface
```

创建一个新的Surface对象并返回,其像素格式可以自己设定,也可以从一个已存在的Surface对象上获取。

注意:如果原Surface对象包含alpha通道,则转换之后的Surface对象将不会保留。

② convert_alpha()函数用来为Surface对象添加alpha通道,以使图像具有像素透明度,其语法格式如下:

```
pygame.Surface().convert_alpha(Surface) -> Surface
pygame.Surface().convert_alpha() -> Surface
```

使用convert_alpha()函数转换后的Surface对象将会专门为alpha通道做优化,使其可以更快速地绘制。

例如,修改用于显示图片的Surface对象的示例代码如下:

```
01  Bg_sur = pygame.image.load(background_image_filename).convert()
02  Logo_sur = pygame.image.load(logo_image_filename).convert_alpha()
```

7.2.4 剪裁Surface区域

在绘制Surface对象时,有时只需要绘制其中的一部分,基于这一需求,Surface对象提供了剪裁区域的概念,它实际是定义了一个矩形,也就是说只有这个区域会被重新绘制，我们可以使用set_clip()函数来设定这个区域的位置，而使用get_clip()函数来获得这个区域的信息。

set_clip()函数语法格式如下：

```
set_clip(rect)
set_clip(None)
```

参数rect为一个Rect对象，用来指定要剪裁的矩形区域，如果传入None，表示剪切区域覆盖整个Surface对象。

get_clip()函数语法格式如下：

```
get_clip() -> Rect
```

返回值为一个Rect对象，表示该Surface对象的当前剪切区域，如果该Surface对象没有设置剪切区域，那么将返回整个图像那么大的限定矩形。

示例代码如下：

```
01  screen.set_clip(0, 400, 200, 600)
02  draw_map()
03  #在左下角画地图
04  screen.set_clip(0, 0, 800, 60)
05  draw_panel()
06  #在上方画菜单面板
```

7.2.5　移动Surface对象

在Pygame中移动Surface对象时，Surface对象在Pygame窗口中的绘制区域并不会发生变更，它只是在保留原有绘制区域像素值的基础上剪辑加覆盖以绘制。移动Surface对象需要使用scroll()函数，其语法格式如下：

```
pygame.Surface.scroll(dx = 0, dy = 0) -> None
```

参数dx和dy分别控制Surface对象水平和垂直位置的偏移量，值为正表示向右（向下）偏移，为负表示向左（向上）偏移；当dx和dy参数的值大于Surface对象的尺寸时，将会看不到移动结果，但程序并不会出错。

实例7.1　通过方向键控制Surface对象的移动

（实例位置：资源包\Code\07\01）

设计一个Pygame程序，首先通过加载图片创建一个Surface对象，然后监听键盘事件，当敲击方向键时，分别向上、下、左、右这4个方向移动Surface对象，并实时查看移动效果。代码如下：

```python
01  import sys
02
03  # 导入 pygame 及常量库
04  import pygame
05  from pygame.locals import *
06
07  SIZE = WIDTH, HEIGHT = 640, 396
08  FPS = 60
09
10  pygame.init()  # 初始化 设备
11  screen = pygame.display.set_mode(SIZE)
12  pygame.display.set_caption("移动Surface")
13  clock = pygame.time.Clock()
14  # 加载图片
15  img_sur = pygame.image.load("sprite_02.png").convert_alpha()
16  img_rect = img_sur.get_rect() # 获取 Rect 对象
17  # 将此图 Rect 图像定位于窗口中心
18  img_rect.center = screen.get_rect().center
19  new_img_rect = img_rect.copy() # 拷贝 Rect 对象
20
21  # 主体循环
22  while True:
23      # 1. 清屏
24      screen.fill((0, 163, 150))
25      # 2. 绘制 图片Surface
26      screen.blit(img_sur, img_rect)
27      # 绘制原图边框
28      pygame.draw.rect(screen, pygame.Color("black"), new_img_rect, 2)
29
30      for event in pygame.event.get():  # 事件索取
31          if event.type == QUIT: # 退出
32              pygame.quit()
33              sys.exit()
34          # 键盘事件监听
35          if event.type == KEYDOWN:
36              if event.key == K_LEFT: # 左键
37                  img_sur.scroll(-64, 0)
38                  # 原地移动矩形对象
39                  new_img_rect.move_ip(-64, 0)
40              if event.key == K_RIGHT: # 右键
41                  img_sur.scroll(64, 0)
42                  new_img_rect.move_ip(64, 0)
```

```
43          if event.key == K_UP:    # 上键
44              img_sur.scroll(0, -64)
45              new_img_rect.move_ip(0, -64)
46          if event.key == K_DOWN:  # 下键
47              img_sur.scroll(0, 64)
48              new_img_rect.move_ip(0, 64)
49
50   # 3.刷新
51   pygame.display.update()
52   clock.tick(FPS)
```

运行程序，通过按键盘上的方向键控制Surface对象的移动，效果如图7.1所示。

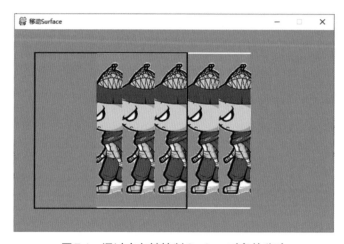

图7.1 通过方向键控制Surface对象的移动

7.2.6 子表面Subsurface

所谓子表面Subsurface是指根据一个父Surface对象创建一个子Surface对象，其语法格式如下：

pygame.Surface().subsurface(Rect) -> Surface

参数Rect表示一个矩形区域管理对象，表示子Surface在父Surface对象中的引用范围，如果超出父对象的矩形区域范围，则会引发ValueError: subsurface rectangle outside surface area 错误。

说明：引用范围是指子对象在父对象中的子区域，它们共享所有的像素、alpha通道、colorkeys、调色板等，修改任何一方的像素，都会影响到彼此；这里需要注意的是，此共享特性对于存在多个子Surface对象、子对象的子对象，甚至层级更深的子对象均适用。

实例7.2　父子Surface之间的共享特性（实例位置：资源包\Code\07\02）

设计一个Pygame程序，其中通过加载图片创建一个Surface对象，然后调用该Surface对象的subsurface()函数创建两个子对象及其中一个子对象的下级子对象，最后判断这4个Surface对象的图像透明度以及颜色值透明度是否一致。代码如下：

```
01  import pygame
02
03  pygame.init()  # 初始化
04  img_sur = pygame.image.load("sprite.png")          # 顶层对象
05  # 设置顶层对象颜色值透明度
06  img_sur.set_colorkey((255, 255, 255))
07  son_01 = img_sur.subsurface((0, 0), (100, 100))   # 子对象01
08  son_02 = img_sur.subsurface((20, 20), (80, 80))   # 子对象 02
09  grandson = son_01.subsurface((30, 30), (50, 50))  # 子对象的子对象
10
11  # grandson = son_01.subsurface((100, 100), (60, 60))# 范围过界
12
13  if img_sur.get_alpha() == son_01.get_alpha() \
14          == grandson.get_alpha() == son_02.get_alpha():
15      print("图像透明度相同 = ", img_sur.get_alpha())
16
17  if img_sur.get_colorkey() == son_01.get_colorkey() \
18          == grandson.get_colorkey() == son_02.get_colorkey():
19      print("颜色值透明度相同 = ", img_sur.get_colorkey())
```

运行结果如下：

图像透明度相同 = 255
颜色值透明度相同 = (255, 255, 255, 255)

尝试注释第9行代码，并取消第11行代码的注释，再次运行程序，会出现如图7.2所示的错误，这是因为第11行代码子表面的获取超出了父对象的矩形区域。

```
Traceback (most recent call last):
  File "D:\PythonProject\demo.py", line 11, in <module>
    grandson = son_01.subsurface((100, 100), (60, 60))# 范围过界
ValueError: subsurface rectangle outside surface area
```

图7.2　子对象超出父对象范围时的错误

7.2.7 获取Surface父对象

pygame.surface中提供一个get_parent()和get_abs_parent()函数，用来获取指定Surface对象的父Surface对象，下面分别介绍。

☑ get_parent()函数。

获取子Surface对象的父对象，其语法格式如下：

```
pygame.Surface.get_parent() -> Surface
```

返回值：返回子Surface对象的父对象，如果不存在父对象，则返回None。

☑ get_abs_parent()函数。

获取子Surface对象的顶层父对象，其语法格式如下：

```
pygame.Surface.get_abs_parent() -> Surface
```

返回值：返回子Surface对象的父对象，如果不存在父对象，则返回该Surface对象本身（如果没有父对象，本身即顶层父对象）。

事实上，对于原生创建的每一个Surface对象（显示Surface、图片Sursface、文本Surface等）来说，由于它们都是新建（顶层）的Surface对象，都各自拥有自己独立的调色板、colorkeys和alpha通道等属性，因此这类Surface对象的父对象都为None。示例代码如下：

```
01  import pygame
02
03  pygame.init()  # pygame 初始化
04  screen = pygame.display.set_mode((640, 396))
05  print("显示 Surface 父对象 = ", screen.get_parent())
06  img_sur = pygame.image.load("logo.jpg")
07  font = pygame.font.SysFont("Airal", 20)
08  font_sur = font.render("www.mingrisoft.com", True, (255, 0, 0), (0, 255, 0))
09  print(f"图片 Surface 父对象 = ", img_sur.get_parent())
10  print(f"文本 Surface 父对象 = ", font_sur.get_parent())
```

运行结果如下：

```
显示 Surface 父对象 =  None
图片 Surface 父对象 =  None
文本 Surface 父对象 =  None
```

那get_parent()函数在哪种情况下不返回None呢？这需要看此Surface对象是否为某一个Surface对象的子对象或者是级别更低的Surface对象，只有满足这两个条件之一的Surface对象才会有父对象，即不返回None。

实例7.3 通过人类继承关系模拟Surface父子对象关系

（实例位置：资源包\Code\07\03）

设计一个Pygame程序，首先通过加载图片创建一个Surface对象，然后调用该Surface对象的subsurface()函数创建两个子对象，接下来分别调用get_parent()函数和get_abs_parent()函数获取这3个Surface对象的父对象和顶级父对象，并通过模拟人类继承关系输出它们之间的关系。代码如下：

```
01  import pygame
02
03  pygame.init()   # pygame 初始化
04  # 原生的
05  img_sur = pygame.image.load("logo.jpg")
06  print(format("img_sur =", ">25"), img_sur)
07  # 儿子
08  son_sur = img_sur.subsurface((0, 0, 100, 100))
09  print(format("son_sur =", ">25"), son_sur)
10  # 孙子
11  grandson_sur = son_sur.subsurface((0, 0, 50, 50))
12  print(format("grandson_sur =", ">25"), grandson_sur)
13
14  # 原生的父亲
15  img_father = img_sur.get_parent()
16  print(format("img_sur father =", ">25"), img_father)
17  # 儿子的父亲
18  son_father = son_sur.get_parent()
19  print(format("son_sur  father =", ">25"), son_father)
20  # 孙子的父亲
21  grandson_father = grandson_sur.get_parent()
22  print(format("grandson_sur  father =", ">25"), grandson_father)
23  # 孙子的顶级父对象
24  grandson_top_level = grandson_sur.get_abs_parent()
25  print(format("grandson_top_level =", ">25"), grandson_top_level)
26  # 原生的顶级父对象
27  img_sur_top_level = img_sur.get_abs_parent()
28  print(format("img_sur_top_level =", ">25"), img_sur_top_level)
29
30  if son_father == img_sur:
31      print("儿子的父亲 等于 原生的")
32  if grandson_father == son_sur:
33      print("孙子的父亲 等于 儿子")
34  if grandson_top_level == img_sur:
35      print("孙子的顶级 等于 原生的")
```

```
36    if img_sur_top_level == img_sur:
37        print("原生的顶级 等于 本身")
```

运行结果如下：

```
            img_sur = <Surface(400x225x24 SW)>
            son_sur = <Surface(100x100x24 SW)>
       grandson_sur = <Surface(50x50x24 SW)>
      img_sur father = None
      son_sur  father = <Surface(400x225x24 SW)>
  grandson_sur  father = <Surface(100x100x24 SW)>
  grandson_top_level = <Surface(400x225x24 SW)>
    img_sur_top_level = <Surface(400x225x24 SW)>
儿子的父亲 等于 原生的
孙子的父亲 等于 儿子
孙子的顶级 等于 原生的
原生的顶级 等于 本身
```

7.2.8 像素访问与设置

访问一个Surface()对象的像素点颜色值可以使用前面讲解过的pygame.PixelArray()对象，因为它具备批量处理功能和丰富的API，但使用它时需要手动解锁Surface对象。除了使用pygame.PixelArray()对象外，Surface()对象自身也提供了访问和设置像素点颜色值的函数，其中，set_at()函数用于设置指定像素点的颜色值，其语法格式如下：

pygame.Surface.set_at((x, y), Color) -> None

参数说明如下：
☑ x：横坐标。
☑ y：纵坐标。
☑ Color：颜色值。

这里需要说明的是，使用set_at()函数时，如果Surface对象的每个像素点都没有包含alpha通道，那么alpha的值将会被忽略，即默认永远是255（不透明）；另外，指定像素的坐标所参考的坐标系原点为Surface对象绘制区域的左上顶点坐标，而不是Pygame窗口坐标系原点，如果指定像素的位置超出了Surface对象的绘制区域或者剪切区域，那么set_at()函数将不会生效。

get_at()函数用来返回指定像素点的RGBA颜色值，其语法格式如下：

pygame.Surface.get_at((x,y)) ->Color

get_at()函数的返回值是一个pygame.Color()对象,表示指定像素点的RGBA值,可直接当作四元元组使用。

技巧:在游戏或实际开发中,如果同时使用get_at()或者set_at()函数次数比较多,会明显拖慢游戏速度,这时可以将自己的需求转化为批量操作多个像素的方法,例如Surface().blit()、pygame.draw()、pygame.PixelArray()对象等。

7.2.9 尺寸大小与矩形区域管理

所谓尺寸大小,就是Surface对象的宽和高,Surface对象主要有文本Surface对象、图片Sursface对象和显示Surface对象3种,下面分别介绍。

① 对于文本Surface对象来说,尺寸其实就是文本的宽度和高度,可以分别使用get_width()函数和get_height()函数获取到,另外,也可以直接使用get_size()函数同时获取文本Surface对象的宽和高。示例代码如下:

```
01  import pygame
02  pygame.init()
03  # 字体对象
04  font = pygame.font.SysFont("Airal", 20)
05  # 文本 Surface
06  text_sur = font.render("mingrisoft", True, \
07          pygame.Color("green"), pygame.Color("red"))
08  print("字体行高: ", font.get_linesize())
09  print("文本的宽: ", text_sur.get_width())
10  print("文本的高: ", text_sur.get_height())
11  print("文本尺寸: ", text_sur.get_size())
```

运行结果如下:

字体行高:15
文本的宽:64
文本的高:15
文本尺寸:(64, 15)

② 对于图片Surface对象来说,尺寸其实就是图片的宽度和高度,可以分别使用get_width()函数和get_height()函数获取到,另外,也可以直接使用get_size()函数同时获取图片Surface对象的宽和高。示例代码如下:

```
01  import pygame
02  pygame.init()
03
04  # 图片 Surface
05  img_sur = pygame.image.load("sprite.png")
```

```
06
07  print("图片的宽: ", img_sur.get_width())
08  print("图片的高: ", img_sur.get_height())
09  print("图片尺寸: ", img_sur.get_size())
```

运行结果如下：

```
图片的宽: 160
图片的高: 160
图片尺寸: (160, 160)
```

③ 对于显示Surface对象来说，可以使用get_rect()函数来获取其尺寸，该函数返回的是一个Rect矩形区域管理对象，其语法格式如下：

```
pygame.Surface.get_rect(**kwargs) -> Rect
```

说明：在Pygame开发中，有Surface对象的地方，就肯定会有pygame.Rect对象，每一个Surface对象都默认匹配有一个pygame.Rect对象，这个pygame.Rect对象的默认左顶点坐标为Pygame窗口坐标系原点坐标，宽度和高度默认与Surface对象的大小相同。

在显示Surface对象的尺寸时，可以向get_rect()函数中传递一些关键字参数，而这些关键字参数的值都将会在返回之前应用在要返回的Rect对象的属性上。示例代码如下：

```
01  import pygame
02
03  pygame.init()   # 初始化
04  # 加载图片
05  img_sur = pygame.image.load("sprite.png")
06  img_rect = img_sur.get_rect()
07  # 定位其矩形中心点坐标，默认是（width // 2, height // 2）
08  img_rect_02 = img_sur.get_rect(center = (100, 100))
09  # 定位其矩形左上顶点坐标，默认是（0, 0）
10  img_rect_03 = img_sur.get_rect(topleft = (100, 100))
11  print(format("img_rect:", ">12"), img_rect)
12  print(format("img_rect_02:", ">12"), img_rect_02)
13  print(format("img_rect_03:", ">12"), img_rect_03)
```

运行结果如下：

```
img_rect: <rect(0, 0, 160, 160)>
img_rect_02: <rect(20, 20, 160, 160)>
img_rect_03: <rect(100, 100, 160, 160)>
```

7.3 Rect对象

前面提到每一个Surface对象都默认匹配有一个pygame.Rect对象，通过使用Rect对象，可以在Pygame窗口当中很方便地控制一个矩形区域，例如：将一个区域等比例扩大或缩小、获取一个区域内指定的一部分区域等。本节将对Rect对象的使用进行详细讲解。

7.3.1 创建Rect对象

pygame.Rect对象，又称矩形区域管理对象，用于对一个矩形区域进行存储及各种操作，通俗地来说，就是用具体的一组数字来表示一个矩形区域范围的大小，其中，这组数字由4个数字组成，分别用来确定矩形的左上顶点坐标x（left左边框）、y（top上边框）、宽（width）和高（height）。创建Rect对象的语法格式如下：

```
pygame.Rect(left, top, width, height) -> Rect
pygame.Rect((left, top), (width, height)) -> Rect
pygame.Rect(object) -> Rect
```

例如，下面代码创建了4个Rect对象：

```
01  tu = (200, 300, 56, 89)
02  li = [200, 56, 89, 24]
03  rect_01 = pygame.Rect(200, 30, 100, 200)
04  rect_02 = pygame.Rect((10, 0), (200, 200))
05  rect_03 = pygame.Rect(tu)  # 传入元组
06  rect_04 = pygame.Rect(li)  # 传入列表
```

在7.2.9节中提到可以给get_rect()函数传递一些关键字参数，从而达到精确定位，那么，应该如何命名这些关键字参数呢？Rect对象提供了很多的虚拟属性，在为get_rect()函数传递命名参数时，就可以使用这些虚拟属性，从而让程序能够识别。Rect对象的常用虚拟属性及说明如表7.2所示。

表7.2 Rect对象虚拟属性及说明

虚拟属性	说明
Rect().x	左上顶点坐标 x 值
Rect().y	左上顶点坐标 y 值
Rect().left	左边 x 坐标的整数值，等于 Rect().x
Rect().right	右边 x 坐标的整数值
Rect().top	顶部 y 坐标的整数值，等于 Rect().y
Rect().bottom	底部 y 坐标的整数值

续表

虚拟属性	说明
Rect().centerx	中央 x 坐标整数值
Rect().centery	中央 y 坐标整数值
Rect().center	即元组 (centerx,centery)
Rect().width	宽度
Rect().height	高度
Rect().w	Rect().width 属性的缩写
Rect().h	Rect().height 属性的缩写
Rect().size	即元组（width,height)
Rect().topleft	(left,top)
Rect().topright	(right,top)
Rect().bottomleft	(left,bottom)
Rect().bottomright	(right,bottom)
Rect().midleft	(left,centery)
Rect().midright	(right,centery)
Rect().midtop	(centerx,top)
Rect().midbottom	(centerx,bottom)

注意： ① 对宽度或高度的重新赋值会改变矩形的尺寸，所有其他赋值语句只移动矩形而不调整其大小。

② Rect对象的坐标都是整数，size的值可以是负数，但在大多数情况下被认为是非法的。

示例代码如下：

```
01  import pygame
02
03  def setting(**kwargs):
04      img_rec = img_sur.get_rect(**kwargs)
05      print(img_rec)
06      return img_rec
07  # 正确用法
08  pygame.init()
09  img_sur = pygame.Surface((200, 300))
10  setting(center = (100, 100))
11  setting(center = (100, 100), w = 300)
12  s_01 = setting(left = 200, top = 200)
13  print("中心坐标 01 : ", s_01.center)
14  s_01.topleft = (300, 300)
15  print("中心坐标 02 : ", s_01.center)
16  s_02 = setting(midleft = (50, 100), w = 100, height = 200)
```

```
17  s_03 = setting(size = [100, 100], topleft = [100, 100])
18  s_04 = setting(size = [100, 100], topleft = [100, 100], centerx = 600)
19  s_05 = setting(size = [100, 100], centerx = 600, topleft = [100, 100])
20  s_06 = setting(w = 200.4, h = 100.9, centerx = 200.4)
21  # 错误用法 011：midleft 属性值为一个整数对 ( 二元序列 )
22  # s_02 = setting(midleft = 100, w = 100, height = 200)
```

运行结果如下：

```
<rect(0, -50, 200, 300)>
<rect(0, -50, 300, 300)>
<rect(200, 200, 200, 300)>
中心坐标 01 ：(300, 350)
中心坐标 02 ：(400, 450)
<rect(50, -50, 100, 200)>
<rect(100, 100, 100, 100)>
<rect(550, 100, 100, 100)>
<rect(100, 100, 100, 100)>
<rect(100, 0, 200, 100)>
```

7.3.2　拷贝Rect对象

拷贝Rect对象需要使用Rect对象的copy()函数，该函数没有参数，返回值是一个与要拷贝Rect对象具有相同尺寸的新的Rect对象。示例代码如下：

```
01  import pygame
02  obj = pygame.Rect(100, 100, 200, 200)
03  new_obj = obj.copy()
04  if obj == new_obj:
05      print("完全相同")
```

运行结果如下：

完全相同

7.3.3　移动Rect对象

移动Rect对象需要使用move()函数，其语法格式如下：

pygame.Rect().move(x, y) ->Rect

参数x与y分别表示X轴正方向与Y轴正方向的移动偏移量，可以是任何数值。当是负数时，则向坐标轴负方向移动；当是浮点数时，则自动向下取整。

在Pygame中，默认对Rect对象的位置或大小改变的各种操作都将返回一个被修改后的新的副本，原始的Rect对象并未发生任何变动，但如果想要改变原始的Rect对象，可以使用xxx_ip()函数。例如，移动Rect对象时，如果想要改变原始的Rect对象，则使用move_ip()函数，语法格式如下：

pygame.Rect().move_ip(x,y) ->None

示例代码如下：

```
01  import pygame
02  obj = pygame.Rect(100, 200, 200, 100)
03  print("       原生移动前: ", obj)
04  # ******** 原生Rect不变
05  new_obj = obj.move(100, 0)
06  print("    向右移动 100 px: ", new_obj)
07  new_obj = obj.move(100.6, 0)
08  print("    向右移动 100.6 px: ", new_obj)
09  new_obj = obj.move(-100, 0)
10  print("     向左移动 100 px: ", new_obj)
11  print("  原生 Rect 对象为: ", obj)
12  #    ****** 原生Rect改变
13  obj.move_ip(100, 100)
14  print("   使用move_ip()方法: ", obj)
```

运行结果如下：

```
           原生移动前: <rect(100, 200, 200, 100)>
     向右移动 100 px: <rect(200, 200, 200, 100)>
   向右移动 100.6 px: <rect(200, 200, 200, 100)>
      向左移动 100 px: <rect(0, 200, 200, 100)>
原生 Rect 对象为: <rect(100, 200, 200, 100)>
   使用move_ip()方法: <rect(200, 300, 200, 100)>
```

7.3.4 缩放Rect对象

Rect对象的放大与缩小操作，可以直接使用pygame.Rect对象的inflate()函数，该函数将返回一个新的Rect对象，其缩放是以当前Rect表示的矩形中心为中心，按指定的偏移量改变大小的。inflate()函数语法格式如下：

pygame.Rect().inflate(x, y) ->Rect

参数x与y的值为正时，表示放大矩形；为负时，则表示缩小矩形。若x、y为浮点数，则自动向下取整。另外，如果给定的偏移量太小（<2），则中心位置不会发生变动。

示例代码如下：

```
01  import pygame
02  obj = pygame.Rect(100, 100, 400, 200)
03  print(obj)
04  print(obj.inflate(0.6, -0.5))  # 原本不变
05  print(obj.inflate(1.3, -1.8))
06  print(obj.inflate(2, -2))
07  new_obj = obj.inflate(10, 10)
08  print(new_obj)
09  obj.inflate_ip(100, 100)        # 原本改变
10  print(obj)
```

运行结果如下：

```
<rect(100, 100, 400, 200)>
<rect(100, 100, 400, 200)>
<rect(100, 100, 401, 199)>
<rect(99, 101, 402, 198)>
<rect(95, 95, 410, 210)>
<rect(50, 50, 500, 300)>
```

说明：上面程序中的第9行代码使用了inflate_ip()函数，它的使用与move_ip()函数类似，它会对原始Rect对象进行放大或者缩小。

7.3.5　Rect对象交集运算

Rect对象的交集运算实际上是将自身与另一个Rect对象的重叠部分合并为一个新的Rect对象并返回，使用clip()函数实现，其语法格式如下：

pygame.Rect().clip(rect) ->Rect

参数rect表示要进行交集运算的Rect对象，该函数返回的Rect对象的左上顶点坐标与自身相同，另外，如果两个Rect对象没有重叠部分，则返回一个大小为0的Rect对象。

示例代码如下：

```
01  import pygame
02  obj = pygame.Rect(100, 100, 400, 200)
03  print(obj)
04  print(obj.clip((0, 0, 100, 100)))      # 无重叠
05  print(obj.clip((10, 10, 200, 200)))    # 部分重叠
06  print(obj.clip((0, 0, 1000, 1000)))    # 完全覆盖
```

运行结果如下：

```
<rect(100, 100, 400, 200)>
<rect(100, 100, 0, 0)>
<rect(100, 100, 110, 110)>
<rect(100, 100, 400, 200)>
```

7.3.6　判断一个点是否在矩形内

判断一个像素点是否在某一个矩形范围内，需要使用Rect对象的collidepoint()函数实现，其语法格式如下：

```
pygame.Rect().collidepoint(x, y) ->bool
pygame.Rect().collidepoint((x, y)) ->bool
```

参数x和y分别表示要判断的点的X、Y坐标，如果给定的点在矩形内，返回1（True），否则返回0（False）。这里需要注意的是：处在矩形右边框（right）或下边框（bottom）上的点不被视为在矩形内。

示例代码如下：

```
01  import pygame
02  obj = pygame.Rect(100, 100, 400, 200)
03  print("左边框：", obj.collidepoint(obj.midleft))
04  print("上边框：", obj.collidepoint(obj.midtop))
05  print("右边框：", obj.collidepoint(obj.midright))
06  print("下边框：", obj.collidepoint(obj.midbottom))
07  print(obj.collidepoint(obj.center))     # 内部
08  print(obj.collidepoint((1000, 1000)))   # 外部
```

运行结果如下：

```
左边框： 1
上边框： 1
右边框： 0
下边框： 0
1
0
```

7.3.7　两个矩形间的重叠检测

检测两个矩形是否重叠需要使用Rect对象的colliderect()函数，其语法格式如下：

```
pygame.Rect().colliderect(rect) ->bool
```

参数rect表示要检测的Rect对象，如果两个Rect对象所表示的矩形区域有重叠部分，返回1（True），否则返回0（False）。

实例7.4 矩形间的重叠检测（实例位置：资源包\Code\07\04）

设计一个Pygame程序，其中创建5个Rect对象，并调用colliderect()函数检测大矩形与另外4个矩形是否重叠，输出相应的检测结果；然后移动4个矩形，再次检测大矩形与移动后的4个矩形是否重叠；最后在Pygame窗口中使用不同颜色的线绘制创建的5个Rect对象所表示的5个矩形，通过图形观察它们的重叠情况。代码如下：

```
01  import pygame
02
03  pygame.init()
04  screen =  pygame.display.set_mode((640, 396))
05
06  obj = pygame.Rect(100, 100, 200, 200)
07
08  obj_01 = pygame.Rect(0, 100, 101, 100)    # 左
09  obj_02 = pygame.Rect(100, 0, 100, 101)    # 上
10  obj_03 = pygame.Rect(299, 100, 100, 100)  # 右
11  obj_04 = pygame.Rect(100, 299, 100, 100)  # 下
12  print(obj.colliderect(obj_01)) # 左          # 1
13  print(obj.colliderect(obj_02)) # 上          # 1
14  print(obj.colliderect(obj_03)) # 右          # 1
15  print(obj.colliderect(obj_04)) # 下          # 1
16
17  if obj.left == obj_01.right: print("左 == 右")
18  else: print("左 != 右")
19  if obj.top == obj_02.bottom: print("上 == 下")
20  else: print("上 != 下")
21  if obj.right == obj_03.left: print("右 == 左")
22  else: print("右 != 左")
23  if obj.bottom == obj_04.top: print("下 == 上")
24  else: print("下 != 上")
25
26  print("obj.left =", obj.left, "obj_01.right =", obj_01.right)
27  print("obj.top =", obj.top, "obj_02.bottom =", obj_02.bottom)
28  print("obj.right =", obj.right, "obj_01.left =", obj_03.left)
29  print("obj.bottom =", obj.bottom, "obj_01.top =", obj_04.top)
30
```

```
31  print(obj.colliderect(obj_01.move(-1, 0)))   # 0
32  print(obj.colliderect(obj_02.move(0, -1)))   # 0
33  print(obj.colliderect(obj_03.move(1, 0)))    # 0
34  print(obj.colliderect(obj_04.move(0, 1)))    # 0
35
36  while True:
37      screen.fill((0, 163, 150))
38
39      pygame.draw.rect(screen, pygame.Color("red"), obj, 1)
40      pygame.draw.rect(screen, pygame.Color("green"), obj_01, 1)
41      pygame.draw.rect(screen, pygame.Color("blue"), obj_02, 1)
42      pygame.draw.rect(screen, pygame.Color("red"), obj_03, 1)
43      pygame.draw.rect(screen, pygame.Color("white"), obj_04, 1)
44
45      for event in pygame.event.get(pygame.QUIT):   # 事件索取
46          if event:
47              pygame.quit()
48              exit()
49      pygame.display.update()
```

程序运行效果图如图7.3所示。

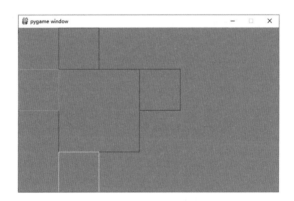

图7.3 矩形间的重叠检测

实例7.4的控制台输出如下：

```
1
1
1
1
左 != 右
上 != 下
右 != 左
下 != 上
```

```
obj.left = 100 obj_01.right = 101
obj.top = 100 obj_02.bottom = 101
obj.right = 300 obj_01.left = 299
obj.bottom = 300 obj_01.top = 299
0
0
0
0
```

仔细观察上面的控制台输出结果，发现虽然位于中心的大矩形正好与其四周的4个小矩形的边界重叠，但中心大矩形的left、top、right、bottom值却与四周的4个小矩形的right、bottom、left、top值不相等！这是为什么呢？要想明白这个问题，需要了解矩形的4个虚拟属性，即left、top、right、bottom的具体来源。例如，下面代码分别用来输出一个Rect对象的宽、高、left值、top值、right值、bottom值。

```
01  import pygame
02  obj = pygame.Rect(1,1,10,4)
03  print("width =", obj.width)
04  print('height =', obj.height)
05  print("left =", obj.left)
06  print("top =", obj.top)
07  print("right =", obj.right)
08  print("bottom =", obj.bottom)
```

运行结果如下：

```
width = 10
height = 4
left = 1
top = 1
right = 11
bottom = 5
```

我们知道图形的绘制在Pygame窗口中都是一个个小的像素点的组合，也就是每一个坐标都表示一个像素点，且从0开始。在Pygame窗口中，将上面创建的矩形对象Rect(1,1,10,4)填充绘制后，在像素级别上的表示如图7.4所示。

结合图7.4和上面的输出结果，可以看出：Rect(1,1,10,4)对象的left

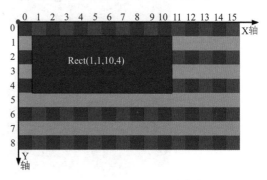

图7.4　Rect(1,1,10,4)像素表示

（1）、top（1）值包含在绘制的矩形内，而right（11）、bottom（5）值却没有包含在绘制的矩形内。这也就是说，Rect矩形对象的属性值left、top代表内边界，而right、bottom代表外边界，即：Rect对象覆盖的范围并不包含right和bottom指定的边缘位置。

基于上述结果，我们就可以很清楚地解释实例7.4的控制台输出结果了，即：虽然四周的4个矩形分别与中心大矩形发生了触碰，但还没产生重叠，因此中心大矩形的left、top、right、bottom值与其四周的4个矩形的right、bottom、left、top值不相等。

技巧：除了可以用colliderect()函数检测Rect矩形对象是否重叠外，Rect对象还提供了其他多种情况的重叠检测函数，具体如表7.3所示。

表7.3　Rect对象提供的其他重叠检测函数及说明

函　　数	说　　明
pygame.Rect.contains()	检测一个Rect对象是否完全包含在该Rect对象内
pygame.Rect.collidelist()	与列表中的一个矩形之间的重叠检测
pygame.Rect.collidelistall()	与列表中的所有矩形之间的重叠检测
pygame.Rect.collidedict()	检测该Rect对象是否与字典中的任何一个矩形有交集
pygame.Rect.collidedictall()	检测该Rect对象与字典中的每个矩形是否有交集

7.4　综合案例——跳跃的小球

创建一个游戏窗口，然后在窗口内创建一个小球。以一定的速度移动小球，当小球碰到游戏窗口的边缘时，小球弹回，继续移动。效果如图7.5所示。

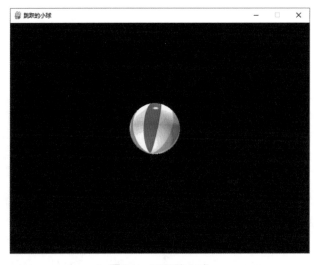

图7.5　跳跃的小球

程序开发步骤如下：

① 创建一个游戏窗口，宽和高设置为640×480。代码如下：

```
01  import sys        # 导入sys模块
02  import pygame     # 导入pygame模块
03
04  pygame.init()     # 初始化pygame
05  pygame.display.set_caption("跳跃的小球") # 设置标题
06  size = width, height = 640, 480          # 设置窗口
07  screen = pygame.display.set_mode(size)   # 显示窗口
```

② 运行上述代码，会出现一个一闪而过的黑色窗口，这是因为程序执行完成后，会自动关闭。如果让窗口一直显示，需要使用while True让程序一直执行，此外，还需要设置关闭按钮。具体代码如下：

```
01  # -*-coding:utf-8 -*-
02  import sys        # 导入sys模块
03  import pygame     # 导入pygame模块
04
05  pygame.init()     # 初始化pygame
06  pygame.display.set_caption("跳跃的小球")# 设置标题
07  size = width, height = 640, 480          # 设置窗口
08  screen = pygame.display.set_mode(size)             # 显示窗口
09
10  # 执行死循环，确保窗口一直显示
11  while True:
12      # 检查事件
13      for event in pygame.event.get():
14          if event.type == pygame.QUIT:  # 如果单击关闭窗口，则退出
15              sys.exit()
16
17  pygame.quit() # 退出pygame
```

说明： 上面代码中，添加了轮询事件检测。pygame.event.get()能够获取事件队列，使用for...in遍历事件，然后根据type属性判断事件类型。这里的事件处理方式与GUI类似，如event.tpye等于pygame.QUIT表示检测到关闭pygame窗口事件，pygame.KEYDOWN表示键盘按下事件，pygame.MOUSEBUTTONDOWN表示鼠标按下事件，等。

③ 在窗口中添加小球。我们先准备好一张ball.png图片，然后加载该图片，最后将图片显示在窗口中，具体代码如下：

```
01  # -*-coding:utf-8 -*-
02  import sys        # 导入sys模块
03  import pygame     # 导入pygame模块
```

```
04
05  pygame.init()              # 初始化pygame
06  pygame.display.set_caption("跳跃的小球")  # 设置标题
07  size = width, height = 640, 480          # 设置窗口
08  screen = pygame.display.set_mode(size)   # 显示窗口
09  color = (0, 0, 0)                        # 设置颜色
10
11  ball = pygame.image.load("ball.png")     # 加载图片
12  ballrect = ball.get_rect()               # 获取矩形区域
13
14  # 执行死循环，确保窗口一直显示
15  while True:
16      # 检查事件
17      for event in pygame.event.get():
18          if event.type == pygame.QUIT:    # 如果单击关闭窗口，则退出
19              sys.exit()
20
21      screen.fill(color)                   # 填充颜色
22      screen.blit(ball, ballrect)          # 将图片画到窗口上
23      pygame.display.flip()                # 更新全部显示
24
25  pygame.quit()                            # 退出pygame
```

运行上述代码，结果如图7.6所示。

图7.6　在窗口中添加小球

④ 下面该让小球动起来了。ball.get_rect()方法返回值ballrect是一个Rect对象，该对象有一个move()方法可以用于移动矩形。move(x,y)函数有两个参数，第一个参数是X轴移动的距离，第二个参数是Y轴移动的距离。窗体左上角坐标为(0,0)，如果为move(100,50)，即如图7.7所示。

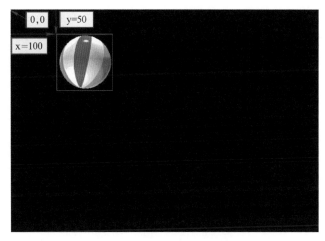

图 7.7　移动后的坐标位置

为实现小球不停地移动，将 move() 函数添加到 while 循环内，具体代码如下：

```
01  # -*-coding:utf-8 -*-
02  import sys                              # 导入 sys 模块
03  import pygame                           # 导入 pygame 模块
04
05  pygame.init()                           # 初始化 pygame
06  pygame.display.set_caption("跳跃的小球")  # 设置标题
07  size = width, height = 640, 480         # 设置窗口
08  screen = pygame.display.set_mode(size)  # 显示窗口
09  color = (0, 0, 0)                       # 设置颜色
10
11  ball = pygame.image.load("ball.png")    # 加载图片
12  ballrect = ball.get_rect()              # 获取矩形区域
13
14  speed = [5,5]                           # 设置移动的 X 轴、Y 轴距离
15                                          # 执行死循环，确保窗口一直显示
16  while True:
17      # 检查事件
18      for event in pygame.event.get():
19          if event.type == pygame.QUIT:   # 如果单击关闭窗口，则退出
20              sys.exit()
21
22      ballrect = ballrect.move(speed)     # 移动小球
23      screen.fill(color)                  # 填充颜色
24      screen.blit(ball, ballrect)         # 将图片画到窗口上
25      pygame.display.flip()               # 更新全部显示
26
27  pygame.quit()                           # 退出 pygame
```

⑤ 运行上述代码，发现小球在屏幕中一闪而过，此时，小球并没有真正消失，而是移动到窗体之外，此时需要添加碰撞检测的功能。当小球与窗体任一边缘发生碰撞，则更改小球的移动方向。具体代码如下：

```
01  # -*-coding:utf-8 -*-
02  import sys                              # 导入sys模块
03  import pygame                           # 导入pygame模块
04
05  pygame.init()                           # 初始化pygame
06  pygame.display.set_caption("跳跃的小球")# 设置标题
07  size = width, height = 640, 480         # 设置窗口
08  screen = pygame.display.set_mode(size)  # 显示窗口
09  color = (0, 0, 0)  # 设置颜色
10
11  ball = pygame.image.load("ball.png")    # 加载图片
12  ballrect = ball.get_rect()              # 获取矩形区域
13
14  speed = [5,5]                           # 设置移动的X轴、Y轴距离
15  # 执行死循环，确保窗口一直显示
16  while True:
17      # 检查事件
18      for event in pygame.event.get():
19          if event.type == pygame.QUIT:   # 如果单击关闭窗口，则退出
20              sys.exit()
21
22      ballrect = ballrect.move(speed)     # 移动小球
23      # 碰到左右边缘
24      if ballrect.left < 0 or ballrect.right > width:
25          speed[0] = -speed[0]
26      # 碰到上下边缘
27      if ballrect.top < 0 or ballrect.bottom > height:
28          speed[1] = -speed[1]
29
30      screen.fill(color)                  # 填充颜色
31      screen.blit(ball, ballrect)         # 将图片画到窗口上
32      pygame.display.flip()               # 更新全部显示
33
34  pygame.quit()                           # 退出pygame
```

上述代码中，添加了碰撞检测功能。如果碰到左右边缘，更改X轴数据为负数，如果碰到上下边缘，更改Y轴数据为负数，此时运行结果如图7.8所示。

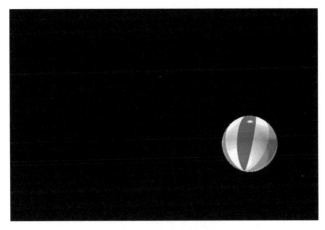

图7.8 小球不停地跳跃

⑥ 运行上述代码发现好像有多个小球在飞快移动,这是因为运行上述代码的时间非常短,导致肉眼观察出现错觉,因此需要添加一个时钟来控制程序运行的时间。这时就需要使用pygame的time模块。使用Pygame时钟之前,必须先创建Clock对象的一个实例,然后在while循环中设置多长时间运行一次。具体代码如下:

```
01  # -*-coding:utf-8 -*-
02  import sys                              # 导入sys模块
03  import pygame                           # 导入pygame模块
04
05  pygame.init()                           # 初始化pygame
06  pygame.display.set_caption("跳跃的小球")  # 设置标题
07  size = width, height = 640, 480         # 设置窗口
08  screen = pygame.display.set_mode(size)  # 显示窗口
09  color = (0, 0, 0)  # 设置颜色
10
11  ball = pygame.image.load("ball.png")    # 加载图片
12  ballrect = ball.get_rect()              # 获取矩形区域
13
14  speed = [5,5]                           # 设置移动的X轴、Y轴距离
15  clock = pygame.time.Clock()             # 设置时钟
16  # 执行死循环,确保窗口一直显示
17  while True:
18      clock.tick(60)                      # 每秒执行60次
19      # 检查事件
20      for event in pygame.event.get():
21          if event.type == pygame.QUIT:   # 如果单击关闭窗口,则退出
22              sys.exit()
```

```
23
24      ballrect = ballrect.move(speed)        # 移动小球
25      # 碰到左右边缘
26      if ballrect.left < 0 or ballrect.right > width:
27          speed[0] = -speed[0]
28      # 碰到上下边缘
29      if ballrect.top < 0 or ballrect.bottom > height:
30          speed[1] = -speed[1]
31
32      screen.fill(color)                     # 填充颜色
33      screen.blit(ball, ballrect)            # 将图片画到窗口上
34      pygame.display.flip()                  # 更新全部显示
35
36  pygame.quit()                              # 退出pygame
```

至此，就完成了跳跃的小球游戏。

7.5 实战练习

设计一个Pygame程序，其中包含4个Surface区域，它们之间的关系为父→子+子→孙，然后通过鼠标单击每个Surface区域时，都可以改变与其关联的Surface区域颜色块。程序运行效果如图7.9所示。

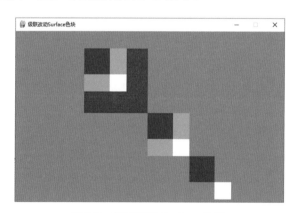

图7.9 级联改动Surface色块

第8章 精灵的使用

使用前面章节讲解过的知识已经可以制作出一些简单的Pygame游戏，但在编程时，代码可能会显得有些臃肿并且不方便，例如遇到类似下面的问题时：

☑ 如何快速地将任意一张图片绘制到Pygame窗口中，且定位灵活方便？
☑ 如何处理数量巨大的同一张图片在Pygame窗口中的不同位置处进行大量绘制？
☑ 如何在Pygame窗口中实现动画的效果？
☑ 如何检测并方便地处理不同Surface对象之间的关系等？

在Pygame程序中遇到这些问题，如果使用前面学习的技术实现，会导致程序后期变得非常难以维护，针对这类问题，Pygame中提供了精灵技术，可以很方便地解决。本章将对Pygame中精灵的使用进行详细讲解。

本章知识架构如下：

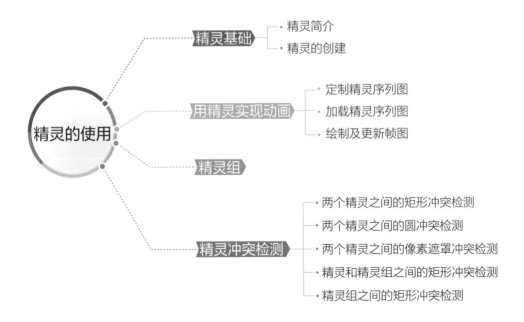

8.1 精灵基础

8.1.1 精灵简介

精灵可以被认为是在Pygame窗口显示Surface对象上绘制的一个个小的图片，它是一种可以在屏幕上移动的图片对象，并且可以很方便地与其他的图片对象进行交互。精灵可以是使用Pygame绘制函数绘制的一个文本图像，也可以是一个图片文件，甚至可以是多张小图片所组合成的一张大图片（精灵序列图）。

说明： 精灵序列图最大的优点就是加载速度快，同时可以极大地方便图片绘制、文本渲染等操作。

8.1.2 精灵的创建

Pygame中的精灵被封装在一个名为pygame.sprite的模块中，该模块中包含了一个名为Sprite的类，表示Pygame内置精灵，它高度可扩展，在实际开发中，开发者更多的是创建自己的类去继承这个内置Sprite类，然后根据实际需求去扩展它，从而提供一个功能完备、符合实际需求的游戏精灵类。

Sprite精灵类中常用的属性和函数及说明如表8.1所示。

表8.1 Sprite精灵类中常用的属性和函数及说明

属性/函数	说明
self.image 属性	一个 pygame.Surface 对象，负责显示什么
self.rect 属性	一个 pygame.Rect 对象，负责显示的位置
self.mask 属性	一个图像遮罩（蒙版）
self.image.fill([color]) 函数	负责对 self.image 着色
self.update() 函数	负责更新精灵的状态
Sprite.add() 函数	添加精灵到 groups 中
Sprite.remove() 函数	将精灵从 groups 中删除
Sprite.kill() 函数	清空所有 group 中的精灵
Sprite.alive() 函数	精灵是否属于任何组的检测
Sprite.groups() 函数	包含此精灵的所有组列表

实例8.1 创建简单的精灵类（实例位置：资源包\Code\08\01）

创建一个简单精灵类的步骤如下。

① 导入精灵类所在的Pygame子模块，代码如下：

```
37  import pygame
38  import sys
```

```
39  from pygame.locals import *
40  from pygame import sprite
```

② 自定义一个类，并使其继承自Pygame内置精灵类，在该类中，绘制一个宽100、高100的矩形，代码如下：

```
01  class MySprite(sprite.Sprite):
02
03      def __init__(self, color, init_pos):
04          # 1. 执行父类初始化方法
05          pygame.sprite.Sprite.__init__(self)
06          # 2. 创建精灵图的显示对象（Surface对象）
07          self.image = pygame.Surface((100, 100))
08          # 填充精灵图
09          self.image.fill(color)
10          # 3. 获取精灵图显示对象的矩形区域管理对象（Rect对象）
11          self.rect = self.image.get_rect()
12          # 对精灵图的矩形对象设置初始参数
13          self.rect.topleft = init_pos
```

注意：

① 在精灵类的初始化__init__()方法中，必须执行父类的__init__()方法，即第一行代码一定为执行父类的__init__()方法语句，也可使用super关键字。

② 在精灵被绘制之前，必须要对self.image和self.rect两个实例属性进行赋值。

③ 在自定义精灵类中，创建一个用于在Pygame窗口显示Surface对象上绘制本精灵图的方法，方法名定义为draw()，参数为Pygame窗口显示Surface对象。draw()方法实现代码如下：

```
01  def draw(self, screen):
02      """ 绘制 """
03      screen.blit(self.image, self.rect)
```

④ 对Pygame窗口进行设置，并在程序主循环中调用精灵类中定义的draw()方法绘制指定大小的矩形，代码如下：

```
01  # 主程序
02  pygame.init()
03  screen = pygame.display.set_mode((300, 200))
04  pygame.display.set_caption("创建一个精灵类")
05  sprite = MySprite(pygame.Color("yellow"), (100, 60))
06
07  # 程序运行主循环逻辑
```

```
08  while True:
09      screen.fill((54, 59, 63))        # 1. 清屏
10      sprite.draw(screen)              # 2. 绘制
11      for event in pygame.event.get(QUIT):  # 监听事件
12          sys.exit()                   # 程序退出
13      pygame.display.update()          # 3.刷新
```

程序运行结果如图8.1所示。

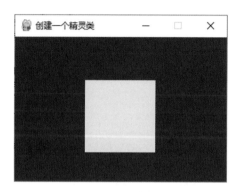

图8.1　创建一个精灵类

8.2　用精灵实现动画

使用 Sprite 精灵类实现动画时，主要是对其 self.image 和 self.rect 两个属性进行操作，它们分别用来确定精灵的显示内容和显示位置，只需要对这两个属性进行动态赋值，精灵就可以快速地自动更新绘制图像，从而实现动画的效果。本节将对如何通过精灵实现动画进行讲解。

8.2.1　定制精灵序列图

动画是由多张图片按照一定规律排列拼接而成的，在 Pygame 中，我们将这类图叫作精灵序列图。例如，图8.2展示了由多张小图拼接而成的一张精灵序列图，其中每张小图都可以用行和列标签来进行定位，这样的好处是可以很方便地进行引用。

8.2.2　加载精灵序列图

加载一张精灵序列图时，需要知道精灵序列图中每张小图的大小，即宽度和高度，另外，还需要知道其中有多少列，以及每一张小图在其中的相对坐标位置，从而能够动态创建每一张帧图的 self.image 和 self.rect 属性，最后再向目标 Surface 对象上绘制。

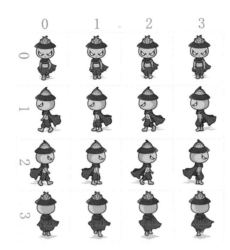

图8.2 精灵序列图

例如，创建一个名称为MySprite的精灵类，并继承自pygame.sprite.Sprite类，在该类的初始化方法中创建并初始化各项参数，代码如下：

```
01  class MySprite(sprite.Sprite):
02
03      def __init__(self):
04          pygame.sprite.Sprite.__init__(self)
05          self.master_image = None    # 精灵序列图（主图）
06          self.image = None           # 帧图 Surface 对象
07          self.rect = None            # 帧图 Rect 对象
08          self.topleft = 0, 0         # 帧图左上顶点坐标
09          self.area = 0               # 精灵序列号
10          self.area_width = 1         # 帧图宽
11          self.area_height = 1        # 帧图高
12          self.first_area = 0         # 动画帧图起始序列号
13          self.last_area = 0          # 动画帧图终止序列号
14          self.columns = 1            # 精灵序列图列数（每个动画的帧数）
```

在MySprite精灵类中定义一个名为load_img()的方法，用于封装并加载精灵序列图。load_img()方法代码如下：

```
01  def load_img(self, filename, width, height, columns):
02      """加载序列（精灵）图"""
03      self.master_image = pygame.image.load(filename).convert_alpha()
04      # 帧图宽度
05      self.area_width = width
06      # 帧图高度
07      self.area_height = height
```

```
08      self.rect = pygame.Rect(0, 0, width, height)
09      # 序列图中的帧图列数
10      self.columns = columns
11      rect = self.master_image.get_rect()
12      # 序列图中的终止帧图序号(从0开始)
13      self.last_area = (rect.width // width) -1
```

说明：上面代码中，由于图8.2的精灵序列图中每一个帧图都具有相同的大小，因此在第8行代码提前对每一个帧图的self.rect属性进行了设置。

8.2.3 绘制及更新帧图

Pygame游戏中，一般动画就是将精灵序列图中每一帧图从头到尾依次有节奏地绘制一遍，而更高级一点的动画，可以使帧图向前、向后移动，甚至可以任意指定一个帧图区间来实现一个动画，这就需要在程序中对帧进行更新。

例如，根据图8.2的设计，每一行4个帧图的连续循环绘制就可以形成一个动画，因此只需要知道某个动画用到的帧图所在行数以及每行列数，就可以计算出该动画的帧图区间；然后再从第一帧到最后一帧循环计算每个帧图的self.image属性；最后在Pygame窗体显示Surface上循环绘制每个帧图，这样就实现了动画的绘制。

在MySprite精灵类中定义一个draw()方法和update()方法。其中，draw()方法用来绘制帧图；而update()方法用来根据不同的动画确定其在序列图中的帧图区间，并计算出每个帧图的self.image属性。具体代码如下：

```
01  def draw(self, screen):
02      """绘制帧图"""
03      screen.blit(self.image, self.rect)
01  def update(self, current_time, rate=60):
02      """更新帧图"""
03      # 控制动画的绘制速率
04      if current_time > self.last_time +rate:
05          self.area += 1
06          # 帧区间边界判断
07          if self.area > self.last_area:
08              self.area = self.first_area
09          if self.area < self.first_area:
10              self.area = self.first_area
11          # 记录当前时间
12          self.last_time = current_time
13      # 只有当帧图编号发生更改时才更新 self.image
14      if self.area != self.old_area:
15          area_x = (self.area % self.columns) * self.area_width
```

```
16          area_y = (self.area // self.columns) * self.area_height
17          rect = pygame.Rect(area_x, area_y, self.area_width,
                               self.area_height)
18          # 子表面 Surface
19          try:
20              self.image = self.master_image.subsurface(rect)
21          except Exception as e:
22              print(e +" \n图片剪裁超出范围........")
23          self.old_area = self.area
```

说明：上面代码中，参数current_time代表当前程序运行的时间，而为了避免前后绘制的两个帧图序号相同，代码中定义了一个名为self.old_area的变量，用来记录前一次绘制的帧图序号。

实例8.2 奔跑的小超人（实例位置：资源包\Code\08\02）

实现一个奔跑的小超人动画，通过敲击键盘方向键，能够控制小超人向上、下、左、右4个方向移动，同时伴随一个走路动画效果。程序运行效果如图8.3所示。

图8.3　奔跑的小超人

程序开发步骤如下：

① 在PyCharm中创建一个py文件，在文件头部导入Pygame包以及所需的其他Python内置模块，并定义表示窗体大小的常量和动画刷新率常量，代码如下：

```
01  import pygame
02  from pygame.locals import *
03  from pygame.math import Vector2
04
05  SIZE = WIDTH, HEIGHT = 640, 396
06  FPS = 30
```

② 自定义 MySprite 精灵类，实现使用精灵实现动画的功能，代码如下：

```
01  class MySprite(pygame.sprite.Sprite):
02
03      def __init__(self):
04          pygame.sprite.Sprite.__init__(self)
05          self.master_image = None    # 精灵序列图 ( 主图 )
06          self.image = None           # 帧图 Surface 对象
07          self.rect = None            # 帧图 Rect 对象
08          self.topleft = 0, 0         # 帧图左上顶点坐标
09          self.area = 0               # 精灵序列号
10          self.area_width = 1         # 帧图宽
11          self.area_height = 1        # 帧图高
12          self.first_area = 0         # 动画帧图起始序列号
13          self.last_area = 0          # 动画帧图终止序列号
14          self.columns = 1            # 精灵序列图列数（每个动画的帧数）
15          self.old_area = -1          # 绘制的前一帧图序列号
16          self.last_time = 0          # 前一帧图绘制的时间
17          self.is_move = False        # 移动开关
18          self.vel = Vector2(0, 0)    # 移动速度
19
20      def _get_dir(self):
21          return (self.first_area, self.last_area)
22      def _set_dir(self, direction):
23          self.first_area = direction * self.columns
24          self.last_area = self.first_area +self.columns -1
25      # 通过移动方向控制帧图区间
26      direction = property(_get_dir, _set_dir)
27
28      def load_img(self, filename, width, height, columns):
29          """加载序列（精灵）图"""
30          self.master_image = pygame.image.load(filename).convert_alpha()
31          # 帧图宽度
32          self.area_width = width
33          # 帧图高度
34          self.area_height = height
35          self.rect = pygame.Rect(0, 0, width, height)
36          # 序列图中的帧图列数
37          self.columns = columns
38          rect = self.master_image.get_rect()
39          # 序列图中的终止帧图序号 ( 从 0 开始 )
40          self.last_area = (rect.width // width) -1
41
42      def update(self, current_time, rate=20):
```

```
43              """更新帧图"""
44              # 移动控制
45              if not self.is_move:
46                  self.area = self.first_area = self.last_area
47                  self.vel = (0, 0)
48              # 控制动画的绘制速率
49              if current_time > self.last_time +rate:
50                  self.area += 1
51                  # 帧区间边界判断
52                  if self.area > self.last_area:
53                      self.area = self.first_area
54                  if self.area < self.first_area:
55                      self.area = self.first_area
56                  # 记录当前时间
57                  self.last_time = current_time
58              # 只有当帧号发生更改时才更新 self.image
59              if self.area != self.old_area:
60                  area_x = (self.area % self.columns) * self.area_width
61                  area_y = (self.area // self.columns) * self.area_height
62                  rect = pygame.Rect(area_x, area_y, self.area_width,
                                        self.area_height)
63                  # 子表面 Surface
64                  try:
65                      self.image = self.master_image.subsurface(rect)
66                  except Exception as e:
67                      print(e +" \n图片剪裁超出范围........")
68                  self.old_area = self.area
69
70          def draw(self, screen):
71              """绘制帧图"""
72              screen.blit(self.image, self.rect)
73
74          def move(self):
75              """ 移动 """
76              self.rect.move_ip(self.vel)
```

说明：上面代码中的第17行定义了一个移动开关变量，该值为False时，使动画帧图序号区间的长度为1，即循环绘制单个帧图；第18行设置了一个名为self.vel的变量，用于控制速度的二维向量，其初始值是一个零向量，代表没有偏移量，如果要使小超人移动，则只需改变此速度向量的X偏移量和Y偏移量即可。

③ 创建Pygame窗体并对其进行初始化，然后实例化自定义精灵类，加载如图8.2所示的精灵序列图。代码如下：

```
01  pygame.init()
02  screen = pygame.display.set_mode((640, 396), 0, 32)
03  pygame.display.set_caption("明日小超人")
04  pygame.key.set_repeat(26)         # 重复按键
05  clock = pygame.time.Clock()
06  super_man = MySprite()
07  super_man.load_img("super_man.png", 150, 150, 4)
```

④ 创建Pygame游戏主逻辑循环，在其中根据键盘方向键的事件监听实现小超人向某一个方向奔跑的动画效果。代码如下：

```
01  while True:
02      screen.fill((0, 163, 150))
03      ticks = pygame.time.get_ticks()
04      if pygame.event.wait().type in [QUIT]: exit()
05      keys = pygame.key.get_pressed()    # 键盘轮询
06      if keys[pygame.K_ESCAPE]: exit()
07      dir = [keys[K_DOWN], keys[K_LEFT], keys[K_RIGHT], \
08             keys[K_UP], (0, 4), (-4, 0), (4, 0), (0, -4)]
09      for k, v in enumerate(dir[0:4]):   # 判断移动方向
10          if v:
11              super_man.direction = k
12              super_man.vel = dir[k +4]
13              super_man.is_move = v
14              break
15          else:                          # 无移动
16              super_man.is_move = False
17      super_man.update(ticks, 90)        # 更新
18      super_man.draw(screen)             # 绘制
19      super_man.move()                   # 移动
20      pygame.display.update()
21      clock.tick(FPS)
```

8.3 精灵组

当程序中有大量精灵时，操作这些精灵是一件非常烦琐的工作，那么，有没有什么容器可以将这些精灵放在一起统一管理呢？答案就是精灵组。Pygame使用精灵组来管理精灵的绘制和更新，精灵组是用于保存和管理多个Sprite精灵对象的容器类，程序中使用pygame.sprite.Group类来表示精灵组，该类的常用函数及说明如表8.2所示。

表8.2 Group精灵组类常用函数及说明

函数	说明
Group().sprites()	此精灵组包含的精灵列表
Group().copy()	复制此精灵组
Group().add()	向此精灵组中添加精灵
Group().remove()	从此精灵组中删除精灵
Group().has()	测试一个精灵组中是否包含此精灵
Group().update()	在包含的所有精灵上调用update()方法
Group().draw()	绘制此组中所有的精灵到一个Surface对象上
Group().clear()	删除所有精灵之前的位置
Group().empty()	删除此精灵组中的所有精灵

例如，下面代码用来创建两个精灵组：

```
01  import pygame
02  pygame.init()
03  sprite_01 = pygame.sprite.Sprite()
04  group_01 = pygame.sprite.Group(sprite_01)
05  sprite_02 = pygame.sprite.Sprite(group_01)
06  group_02 = pygame.sprite.Group()
07  group_02.add([sprite_01, sprite_02])
08  print(group_02.sprites())
```

运行效果如下：

[<Sprite sprite(in 2 groups)>, <Sprite sprite(in 2 groups)>]

8.4 精灵冲突检测

在pygame.sprite模块中，其中一个非常重要且经常在Pygame游戏中使用的技术是精灵冲突检测技术，比如一个精灵与另一个精灵之间产生交叉重叠、一个精灵与另一个精灵组中的任意一个精灵产生交叉重叠、两个精灵组中的任意两个精灵产生交叉重叠等情况，都可以使用精灵冲突检测技术，本节将对常见的几种精灵冲突场景及其解决方法进行介绍。

8.4.1 两个精灵之间的矩形冲突检测

检测任意两个精灵之间是否存在矩形重叠区域时（图8.4），可以使用pygame.sprite.collide_rect()函数来实现，其语法格式如下：

pygame.sprite.collide_rect(left, right) -> bool

参数left和right都表示精灵对象，也就是它们都必须是从pygame.sprite.Sprite类派生而来，且两个精灵对象必须具有名为rect的属性。该函数返回一个布尔值（True或False），表示两精灵之间是否存在矩形冲突。

图8.4 两个精灵之间是否存在矩形重叠区域

例如，创建两个精灵，并使用pygame.sprite.collide_rect()函数检测它们之间是否存在矩形重叠区域，代码如下：

```
01  sprite_01 = MySprite(screen).load("01.png", 200, 200, 3)
02  sprite_02 = MySprite(screen).load("02.png", 100, 50, 4)
03  is_crash = pygame.sprite.collide_rect(sprite_01, sprite_02)
04  if is_crash:
05      print("crash occurred")
```

pygame.sprite.collide_rect()函数还有一个变体，即pygame.sprite.collide_rect_ratio()，该函数中需要一个额外的浮点类型参数，用来指定检测矩形的百分比。例如：如果在程序中希望检测得更精准一些，则可以按比例收缩两个精灵，这时就可以把这个浮点数设为小于1.0，而设置为大于1.0，则表示按比例扩大。示例代码如下：

```
is_crash = pygame.sprite.collide_rect_ratio(0.5)(sprite_01, sprite_02)
```

等价于：

```
01  sprite_01.get_rect().inflate_ip(-0.5 * sprite_01.get_width(), -0.5 * sprite_01.get_height)
02  sprite_02.get_rect().inflate_ip(-0.5 * sprite_02.get_width(), -0.5 * sprite_02.get_height)
03  is_crash = pygame.sprite.collide_rect(sprite_01, sprite_02)
```

8.4.2 两个精灵之间的圆冲突检测

检测任意两个精灵之间是否存在圆形重叠区域时，可以使用pygame.sprite.

collide_circle()函数来实现，其语法格式如下：

pygame.sprite.collide_circle(left, right) -> bool

两个精灵之间的圆检测是基于每个精灵的半径值所决定的圆区域来判断的，该半径值可以自己指定。比如为每个精灵设置一个名为radius的属性，pygama.sprite.collide_ciecle()函数内部会自动反射精灵类中的radius属性，如果精灵类中没有设置radius属性，则pygama.sprite.collide_circle()函数会根据指定精灵的矩形区域大小自动计算其外接圆的半径，示意图如图8.5所示。

图8.5　两个精灵之间是否存在圆形重叠区域

例如，创建两个精灵，并使用pygame.sprite.collide_circle()函数检测它们之间是否存在矩形重叠区域，代码如下：

```
01  sprite_01 = MySprite(screen).load("01.png", 200, 200, 3)
02  sprite_02 = MySprite(screen).load("02.png", 100, 50, 4)
03  is_crash = pygame.sprite.collide_circle(sprite_01, sprite_02)
04  if is_crash:
05      print("circle crash occurred")
```

pygame.sprite.collide_circle()函数有一个变体，即pygame.sprite.collide_circle_ratio()，其功能和用法与8.4.1节中的pygame.sprite.collide_rect_ratio()函数类似，只是该函数按比例缩放的是圆半径。示例代码如下：

is_crash = pygame.sprite.collide_circle_ratio(2)(sprite_01, sprite_02)

等价于：

```
01  sprite_01.get_rect().inflate_ip(2 * sprite_01.get_width(), 2 *
                                    sprite_01.get_height)
02  sprite_02.get_rect().inflate_ip(2 * sprite_02.get_width(), 2 *
                                    sprite_02.get_height)
03  is_crash = pygame.sprite.collide_circle(sprite_01, sprite_02)
```

8.4.3 两个精灵之间的像素遮罩冲突检测

如果矩形检测和圆形检测都不能满足我们的需求怎么办？pygame.sprite 子模块为开发者提供了一个更加精确的检测，即遮罩检测，示意图如图 8.6 所示。

图 8.6 遮罩检测图示

所谓遮罩就是图像的 2D 掩码，其能够精确到 1 个像素级别的判断，但使用时性能比较差，因此在实际使用过程中，如果对检测的精确度没有太高的要求，不建议使用。遮罩检测使用 pygame.sprite.collide_mask() 函数实现，其语法格式如下：

```
pygame.sprite.collide_mask(SpriteLeft, SpriteRight) -> point
```

pygame.sprite.collide_mask() 函数是实现两个精灵之间的遮罩检测，因此在检测之前，需要为两个精灵创建遮罩。

创建一个精灵的 self.mask 遮罩属性是通过 pygame.mask 子模块中的一个名为 from_surface() 的函数来创建的，其语法格式如下：

```
pygame.mask.from_surface(Surface, threshold=127) ->Mask
```

其中，参数 Surface 表示一个 Surface 对象，参数 threshold 表示透明度阈值。collide_mask() 函数会检查图像中每个像素的 alpha 值是否大于 threshold 参数指定的值，若图像是通过设置颜色透明度（colorkeys）实现的透明，而不是基于像素值透明度（pixel alphas）实现的，则忽略 threshold 参数。

例如，下面代码用来为指定精灵设置一个遮罩：

```
self.mask = pygame.mask.from_surface(self.master_image)
```

通过上面代码添加的遮罩是整个精灵序列图的遮罩，实际使用时，还需要在每个帧图绘制到 Surface 对象后，为该子表面 Surface 对象添加遮罩，代码如下：

```
self.mask = pygame.mask.from_surface(self.image)
```

8.4.4 精灵和精灵组之间的矩形冲突检测

pygame.sprite模块提供了一个用于检测一个精灵与一个精灵组中的任意一个精灵是否发生碰撞的函数pygame.sprite. spritecollide()，语法格式如下：

```
pygame.sprite.spritecollide(sprite, group, dokill, collided = None) ->
Sprite_list
```

参数说明如下：
- ☑ sprite：单个精灵对象。
- ☑ group：一个精灵组。
- ☑ dokill：是否从精灵组中删除碰撞精灵。为True时，会将精灵组中所有检测到冲突的精灵删除；而为False时，则不会删除冲突的精灵。
- ☑ collided：用于计算检测碰撞的回调函数名，默认为pygame.sprite.collide_rect，用于检测两个精灵间是否发生碰撞，它将两个用于检测的精灵作为参数，并返回一个布尔值，表示它们是否发生碰撞。如果未传递，则默认为空。

在调用该函数时，单个精灵对象会依次与精灵组中的每个精灵对象进行矩形冲突检测[pygame.sprite.collide_rect()]，精灵组中所有发生冲突的精灵会作为一个列表返回。

实际使用过程中，开发者可以根据实际使用需求对pygame.sprite. spritecollide()函数中的实际碰撞检测算法进行灵活控制。例如，精灵与精灵组之间的遮罩冲突检测示例代码如下：

```
pygame.sprite.spritecollide(sprite, group, False, pygame.sprite.
collide_mask)
```

另外，pygame. sprite. spritecollide()函数有一个变体，即pygame. sprite.spritecollideany()，它用来在检测精灵组和单个精灵冲突时，优先返回精灵组中发生碰撞的第一个精灵，而无碰撞时则返回None。

8.4.5 精灵组之间的矩形冲突检测

同样是默认基于两个精灵之间的矩形冲突检测，当涉及两个精灵组中的任意两个精灵时，pygame.sprite模块依然贴心地给我们提供了一个用于检测两个精灵组中任意两个精灵之间是否发生碰撞的方法pygame.sprite.groupcollide()，语法格式如下：

```
pygame.sprite.groupcollide(group1, group2, dokill1, dokill2, collided =
None) -> Sprite_dict
```

参数说明如下：

- ☑ group1：第一个精灵组。
- ☑ group2：第二个精灵组。
- ☑ dokill1：是否从第一个精灵组中删除发生碰撞的精灵。
- ☑ dokill2：是否从第二个精灵组中删除发生碰撞的精灵。
- ☑ collided：用于计算检测碰撞的回调函数名。

各参数的含义与pygame.sprite. spritecollide()函数相同，它将在两个精灵组中各自找到发生碰撞的所有精灵，通过比较每个精灵的rect属性或使用碰撞函数（如果它不是None）来确定碰撞。返回的是一个字典，字典的键是group1中发生碰撞的每一个精灵，字典中每一个键所对应的值是group2中与group1中精灵发生碰撞的所有精灵构成的一个精灵列表。

8.5 综合案例——小超人吃苹果

创建一个Pygame程序，实现一个小超人吃苹果的小游戏，运行程序，通过按键盘上的上、下、左、右方向键控制小超人移动，当小超人接触到苹果后，苹果消失。程序运行结果如图8.7所示。

图8.7 小超人吃苹果

程序开发步骤如下。

① 在PyCharm中创建一个py文件，在文件头部导入Pygame和Pygame常量库，并定义帧率、Pygame窗体尺寸等常量。代码如下：

```
01  import random
02
03  import pygame
04  from pygame.locals import *
05  from pygame.math import Vector2
06
07  SIZE = WIDTH, HEIGHT = 640, 396
08  FPS = 30
```

② 按照实例8.2的方式定义一个精灵类MySprite。

③ 在精灵类MySprite中定义一个名为create_apple()的方法，用于创建Pygame窗体中所需的苹果精灵类，并添加至一个精灵组中，这里需要注意：创建的苹果精灵类在窗体中的位置不能重叠。create_apple()方法代码如下：

```
01  def create_apple():
02      """ 创建众多苹果精灵 """
03      global apple_group
04      apple_li = []
05      for i in range(36):
06          obj = MySprite()
07          obj.load_img("apple.png", 35, 35, 1)
08          while 1:
09              x = random.randrange(WIDTH -obj.rect.w)
10              y = random.randrange(HEIGHT -obj.rect.h)
11              rect = pygame.Rect((x, y), obj.rect.size)
12              # 判断重叠，单个与列表中的所有
13              if not rect.collidelistall(apple_li):
14                  apple_li.append(rect)
15                  obj.rect = rect
16                  apple_group.add(obj)
17                  break
```

④ 创建一个名为draw_text()的方法，用于在程序结束时绘制"GAME OVER"文本。代码如下：

```
01  def draw_text(font, text, color=(255,255,255)):
02      """ 绘制文本类 """
03      sur = font.render(text, True, color)
04      rec = sur.get_rect()
05      screen = pygame.display.get_surface()
06      rec.center = screen.get_rect().center
07      screen.blit(sur, rec)
```

⑤ 创建Pygame窗体并设置相关参数，同时打开键盘重复响应按键功能。代码如下：

```
01  pygame.init()
02  screen = pygame.display.set_mode((640, 396), 0, 32)
03  pygame.display.set_caption("小超人吃苹果")
04  pygame.key.set_repeat(26)          # 重复响应按键
05  clock = pygame.time.Clock()
06  super_man = MySprite()
```

```
07  super_man.load_img("super_man.png", 150, 150, 4)
08  font = pygame.font.Font(None, 60)
09
10  apple_group = pygame.sprite.Group()    # 苹果精灵组
11  create_apple()                         # 创建苹果
12  apple_group.update(100, 0) # 初始化所有苹果精灵的 self.image
```

⑥ 创建 Pygame 游戏主逻辑循环,主要实现精灵的移动,以及小超人与苹果之间的碰撞检测功能。代码如下:

```
01  while True:
02      screen.fill((0, 163, 150))
03      ticks = pygame.time.get_ticks()
04      if pygame.event.wait().type in [QUIT]: exit()
05      keys = pygame.key.get_pressed()    # 键盘轮询
06      if keys[pygame.K_ESCAPE]: exit()
07      dir = [keys[K_DOWN], keys[K_LEFT], keys[K_RIGHT], \
08             keys[K_UP], (0, 4), (-4, 0), (4, 0), (0, -4)]
09      for k, v in enumerate(dir[0:4]):   # 判断移动方向
10          if v:
11              super_man.direction = k
12              super_man.vel = dir[k +4]
13              super_man.is_move = v
14              break
15          else:                          # 无移动
16              super_man.is_move = False
17
18      # 碰撞检测,返回第一个(使用遮罩检测)
19      collide = pygame.sprite.spritecollideany(super_man, \
20              apple_group, pygame.sprite.collide_mask)
21      if collide != None:
22          # 按比例缩小要圆形检测
23          if pygame.sprite.collide_circle_ratio(0.66)(super_man, collide):
24              apple_group.remove(collide) # 删除吃掉的苹果精灵
25      if not apple_group.sprites():
26          while 1:
27              draw_text(font, "G A M E   O V E R")
28              if pygame.event.wait().type in [QUIT, KEYDOWN]: exit()
29              pygame.display.update()
30      apple_group.draw(screen)           # 绘制苹果
31      super_man.update(ticks, 90)        # 更新
32      super_man.draw(screen)             # 绘制小超人
```

```
33        super_man.move()              # 移动
34        pygame.display.update()
35        clock.tick(FPS)
```

说明：上面代码中，进行小超人与苹果之间的碰撞检测时，使用的是更为精确的像素遮罩检测；而第23行代码是在像素遮罩碰撞的基础之上再次对精灵按比例缩小的圆形碰撞检测。

8.6　实战练习

设计一个Pygame程序，其中通过使用Pygame精灵的方式，在Pygame窗体中显示4个颜色块。程序运行效果如图8.8所示。

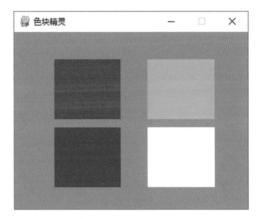

图8.8　通过精灵创建颜色块

第9章

音频处理

声音是游戏中必要的元素之一，音效可以给予用户良好的体验，比如赛车游戏中听到振奋人心的轰鸣声、刹车时的轮胎摩擦声，射击游戏中发出的枪声和呐喊助威的声音，无一不让人热血沸腾。而本章就来学习如何在Pygame程序中为作品增加音效，以使自己的作品能够变得更具吸引力和趣味性。

本章知识架构如下：

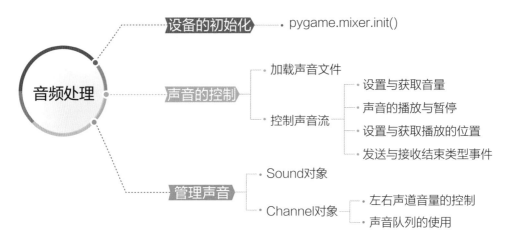

9.1 设备的初始化

在Pygame当中，使用pygame.mixer子模块对声音的播放与通道进行管理。具体使用时，应该确保当前的平台存在音频输出设备，并使用pygame.mixer.init()函数对声音设备进行初始化，如果不存在音频输出设备，则会报DirectSoundCreate: No audio device found（设备未找到）错误。pygame.mixer.init()函数语法格式如下：

```
init(frequency=22050, size=-16, channels=2, buffer=4096) -> None
```

参数说明如下:
- ☑ frequency:声音文件的采样率。
- ☑ size:量化精度(每个音频样本使用的位数)。
- ☑ channels:立体声效果(单声道或立体声)。
- ☑ buffer:音频样本内部采样数,默认值应适用于大多数情况。缓冲区大小必须是2的幂(如果不是,则向上舍入到下一个最接近的2的幂)。

使用pygame.mixer.init()函数时,可以进行声音加载和播放,其默认参数可以被改变以提供特定的音频混合。改变其参数,可以使用pygame.mixer.pre_init()函数实现,该函数用来预设设备初始化参数,其语法格式如下:

pre_init(frequency=22050, size=-16, channels=2, buffersize=4096) -> None

示例代码如下:

```
01  pygame.mixer.pre_init(44100, 16, 2, 5120)
02  pygame.init()
```

9.2 声音的控制

9.2.1 加载声音文件

在Pygame当中,加载声音文件需要使用pygame.mixer.music模块或者pygame.mixer_music模块中的load()函数,其语法格式如下:

```
pygame.mixer.music.load(filename) ->None
pygame.mixer_music.load(filename) ->None
```

参数filename表示所要加载的声音文件名,支持的文件格式包括:WAV、MP3、OGG。但由于在一些平台上MP3格式文件不受支持,且效率低下,因此不推荐使用,而是推荐使用OGG格式的音频文件。

示例代码如下:

```
03  pygame.mixer.music.load("pygame.ogg")
```

加载一个声音文件时,除了上面所使用的文件名字符串外,也可以是一个文件句柄。例如,下面代码使用open()方法读取一个音频文件并返回一个文件句柄,然后使用pygame.mixer_music.load()函数加载:

```
01  file_obj = open("pygame.ogg", "r")
02  pygame.mixer_music.load(file_obj)
```

说明：当load()函数载入一个声音文件或文件句柄，并准备播放时，如果存在其他声音流正在播放，则该声音流将被立即停止；另外，加载的声音流不会立即播放，而是需要等待开始播放命令。

9.2.2 控制声音流

当一个声音文件被加载后，接下来就可以通过pygame.mixer_music子模块中提供的各种方法来控制该声音流，比如音量的控制、声音的播放与暂停、设置播放位置、停止播放声音等。

（1）设置与获取音量

设置与获取音量分别使用pygame.mixer_music模块中的set_volume()和get_volume()函数实现，它们的语法格式如下：

```
pygame.mixer_music.set_volume(value) ->None
pygame.mixer_music.get_volume() ->value
```

音量的表示形式为一个范围在0～1（包含0和1）的浮点数。当大于1时，被视为1.0；当小于0大于-0.01时视为0；当小于-0.01时则被视为无效，采用默认音量值0.9921875。

获取与设置音量的示例代码如下：

```
01  pygame.mixer.music.load("pygame.ogg")
02  pygame.mixer_music.set_volume(-0.012)
03  value = pygame.mixer_music.get_volume()
04  print("value    (-0.012) = {}".format(value))
05  pygame.mixer_music.set_volume(-0.001)
06  value_01 = pygame.mixer_music.get_volume()
07  print("value_01(-0.001) = {}".format(value_01))
08  pygame.mixer_music.set_volume(0.6)
09  value_02 = pygame.mixer_music.get_volume()
10  print("value_02(0.6)    = {}".format(value_02))
11  pygame.mixer_music.set_volume(0)
12  value_03 = pygame.mixer_music.get_volume()
13  print("value_03(0)      = {}".format(value_03))
14  pygame.mixer_music.set_volume(1)
15  value_04 = pygame.mixer_music.get_volume()
16  print("value_04(1)      = {}".format(value_04))
17  pygame.mixer_music.set_volume(10)
18  value_05 = pygame.mixer_music.get_volume()
19  print("value_05(10)     = {}".format(value_05))
```

运行结果如下:

```
value   (-0.012) = 0.9921875
value_01(-0.001) = 0.0
value_02(0.6)    = 0.59375
value_03(0)      = 0.0
value_04(1)      = 1.0
value_05(10)     = 1.0
```

注意：当有新的声音文件被加载时，音量会被重置，此时需要重新设置音量。

（2）声音的播放与暂停

播放当前已加载的声音文件需要使用pygame.mixer_music模块中的play()函数实现，其语法格式如下：

```
pygame.mixer_music.play(loops=0, start=0.0) -> None
```

参数loops表示重复播放的次数，例如，play(2)表示被载入的声音除了原本播放一次之外，还要重复播放2次，一共播放3次；而当loops参数为0或1时，只播放一次；当loops为-1时，表示无限次重复播放。

参数start表示声音文件开始播放的位置，如果当前声音文件无法设置开始播放位置，则传递start参数后，会产生一个NotImplementedError错误。

说明：如果被加载的声音文件当前正在播放，则调用play()函数时，会立即重置当前播放位置。

如果要停止、暂停、继续、重新开始播放声音，则分别调用pygame.mixer_music模块中的stop()、pause()、unpause()和rewind()函数，它们的语法格式分别如下：

```
pygame.mixer_music.stop()    ->None
pygame.mixer_music.pause()   ->None
pygame.mixer_music.unpause() ->None
pygame.mixer_music.rewind()  ->None
```

另外，pygame.mixer_music模块还提供了一个fadeout()函数，用来在停止声音播放时有一个淡出的效果，而不是直接关闭，给听者一种舒适的感觉，该函数语法格式如下：

```
pygame.mixer_music.fadeout(time) ->None
```

fadeout()函数会在调用后的一段指定长度的时间（以毫秒为单位）内不断地降低音量，最终降至为零，结束声音的播放。这里需要说明的一点是，该函数在调用后会一直处于阻塞状态，直到声音淡出。

实例9.1 开始播放音乐（实例位置：资源包\Code\09\01）

编写一个Pygame程序，首先加载一个音乐文件，然后监听键盘事件，根据不同的按键分别对加载的声音流做不同的操作。程序代码如下：

```
01  import pygame
02  from pygame.locals import *
03
04  SIZE = WIDTH, HEIGHT = 640, 339
05  FPS = 60
06  pygame.mixer.pre_init(44100, 16, 2, 5012)
07  pygame.init()
08  pygame.mixer.music.load("preview.ogg")
09  screen = pygame.display.set_mode(SIZE)
10  clock = pygame.time.Clock()
11  bg_sur = pygame.image.load("bg8_1.png").convert_alpha()
12  is_pause = True    # 暂停与继续开关
13
14  while 1:
15      screen.blit(bg_sur, (0, 0))
16      for event in pygame.event.get():
17          if event.type == QUIT:
18              pygame.quit()
19              exit()
20          if event.type == KEYDOWN:
21              if event.key == K_RETURN:   # 开始无限播放
22                  pygame.mixer_music.play(-1, 0.0)
23                  print("开始播放 1 次")
24              if event.key == K_SPACE:    # 暂停播放
25                  if is_pause:
26                      pygame.mixer_music.pause()
27                      is_pause = False
28                      print("暂停播放")
29                  else:
30                      pygame.mixer_music.unpause()
31                      is_pause = True
32                      print("继续播放")
33              if event.mod in [KMOD_LCTRL, KMOD_RCTRL]:
34                  if event.key == K_w:       # 播放 10 次
35                      pygame.mixer_music.play(9, 0.0)
36                      print("开始播放 10 次")
37                  if event.key == K_z:       # 停止播放
38                      pygame.mixer_music.stop()
39                      print("停止播放")
```

```
40                if event.key == K_o:         # 淡出播放
41                    pygame.mixer_music.fadeout(3000)
42                    print("淡出停止播放")
43        pygame.event.clear()
44        pygame.display.update()
45        clock.tick(FPS)
```

运行程序，敲击键盘按键以听取声音效果，效果如图9.1所示。

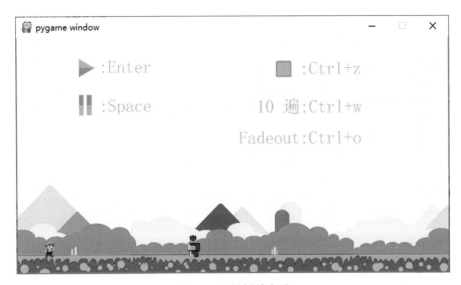

图9.1 开始播放音乐

（3）设置与获取播放的位置

设置与获取声音文件的播放位置分别使用pygame.mixer_music模块中set_pos()和get_pos()函数实现，它们的语法格式如下：

```
pygame.mixer_music.set_pos(time) ->None
pygame.mixer_music.get_pos() ->time
```

其中，set_pos()函数中的time参数是一个浮点数，其具体值取决于声音文件的格式。当是OGG文件时，它是一个以音频开头为零点的绝对时间值（以秒为单位）；当是MP3文件时，它是以当前播放位置为零点的绝对时间值（以秒为单位）；该参数不支持WAV文件，否则会产生一个pygame.error错误；而如果是一种其他格式的音频文件，则会产生一个SDLError错误。

而对于获取播放位置的get_pos()函数，其返回值以毫秒为单位，且仅表示声音已经播放了多长时间，而不会考虑起始播放位置；当声音处于未开始播放状态时，该函数的返回值为-1；当声音处于暂停［pause()］播放状态时，该函数的返回值将保持不变；当继续播放时，该函数的返回值将继续计时，直到该声音播放结束。

实例9.2 设置与获取音乐播放位置（实例位置：资源包\Code\09\02）

编写一个Pygame程序，其中可以对音乐进行开始播放、暂停播放、继续播放操作，然后调用pygame.mixer_music模块中set_pos()函数查看音乐在不同状态下所显示的播放位置。程序代码如下：

```
01  import pygame
02  from pygame.locals import *
03
04  SIZE = WIDTH, HEIGHT = 640, 339
05  FPS = 60
06  pygame.mixer.pre_init(44100, 16, 2, 5012)
07  pygame.init()
08  pygame.mixer.init()
09  screen = pygame.display.set_mode(SIZE)
10  clock = pygame.time.Clock()
11  pygame.mixer.music.load("megaWall.mp3")
12  bg_sur = pygame.image.load("bg8_2.png").convert_alpha()
13  is_pause = True   # 暂停与继续开关
14  is_play = False   # 音乐开关
15  while 1: #
16      screen.blit(bg_sur, (0, 0))
17      for event in pygame.event.get():
18          if event.type == QUIT:
19              pygame.quit()
20              exit()
21          if event.type == KEYDOWN:
22              if event.key == K_RETURN: # 开始播放（一遍）
23                  pygame.mixer_music.play(1, 0.0)
24                  is_play = True
25              if event.key == K_SPACE:    # 暂停播放
26                  if is_pause:
27                      print("暂停播放")
28                      pygame.mixer_music.pause()
29                      is_pause = False
30                  else:
31                      print("继续播放")
32                      pygame.mixer_music.unpause()
33                      is_pause = True
34              if event.mod in [KMOD_LCTRL, KMOD_RCTRL]:
35                  if event.key == K_s:      # 设置播放位置
```

```
36                    pygame.mixer_music.rewind()
37                    print("是否停止:", pygame.mixer_music.get_busy(),
                          "毫秒")
38                    pygame.mixer_music.set_pos(3)
39                if event.key == K_g:    # 获取播放位置
40                    play_time = pygame.mixer_music.get_pos()
41                    print("已播放时长: ", play_time, " 毫秒")
42
43      if is_play:
44          if pygame.mixer_music.get_busy():
45              print("开始播放时间点:", pygame.time.get_ticks()," 毫秒")
46              is_play = False
47      else:
48          if not pygame.mixer_music.get_busy():
49              print("停止播放时间点:", pygame.time.get_ticks()," 毫秒")
50              is_play = True
51      pygame.display.update()
52      clock.tick(FPS)
```

说明：上面代码中，第37行代码使用了get_busy()函数，用来检查是否存在声音流正在播放声音。

程序运行效果如图9.2和图9.3所示。

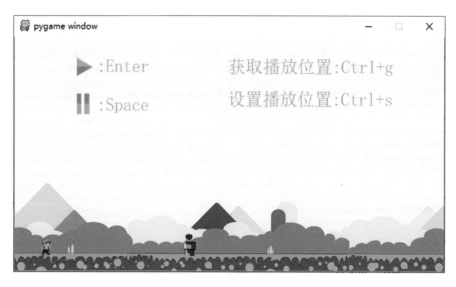

图9.2 音乐的播放

（4）发送与接收结束类型事件

除了使用前面提到的get_busy()函数判断声音是否播放结束外，pygame.

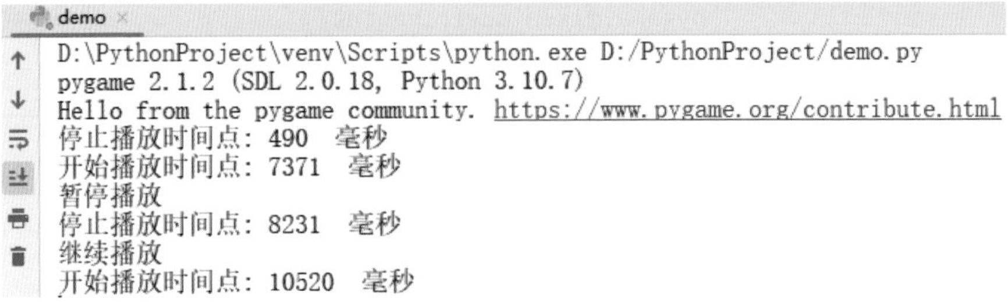

```
demo ×
D:\PythonProject\venv\Scripts\python.exe D:/PythonProject/demo.py
pygame 2.1.2 (SDL 2.0.18, Python 3.10.7)
Hello from the pygame community. https://www.pygame.org/contribute.html
停止播放时间点：490  毫秒
开始播放时间点：7371  毫秒
暂停播放
停止播放时间点：8231  毫秒
继续播放
开始播放时间点：10520  毫秒
```

图9.3　音乐在不同状态下所显示的播放位置

mixer_music子模块还提供了一种基于事件响应的方式来提示声音播放结束，这需要使用set_endevent()函数实现。该函数用来设置一个声音播放结束事件类型，在声音播放结束时，会触发该类型事件，然后在pygame.event事件队列中获取到该事件，并判定播放结束。

set_endevent()函数语法格式如下：

pygame.mixer_music.set_endevent(type) ->None

参数type决定了什么类型的事件将被设置。

实例9.3　自动切换歌曲（实例位置：资源包\Code\09\03）

编写一个Pygame程序，演示通过自定义并接收播放结束信号，实现自动切换歌曲的功能。具体实现时，首先定义一个要播放的音乐列表，并通过pygame.mixer_music模块的load()函数加载音乐列表中的第一项；然后通过设置音乐播放结束类型事件，实现在当前音乐播放结束时自动切歌并进行续播的功能。其中，切歌的方式有两种，即自动顺序切歌和随机切歌，这主要通过监听按键的方式对切歌方式进行操作。代码如下：

```
01  import os
02  import random
03
04  import pygame
05  from pygame.locals import *
06
07  SIZE = WIDTH, HEIGHT = 640, 339
08  FPS = 60
09
10  pygame.mixer.pre_init(44100, 16, 2, 5012)
11  pygame.init()
12  os.environ['SDL_VIDEO_CENTERED'] = '1'      # 设置窗口居中
13  screen = pygame.display.set_mode(SIZE)      # 创建窗口
14  clock = pygame.time.Clock()                 # 创建时钟对象
```

```python
15
16  # 自定义音频文件列表，需在当前工作目录下
17  music_list = ['dance.ogg', "lixianglan.wav", "conceptb.wav",]
18  music_index = 0              # 音乐索引
19  switch_status = True         # 音乐切换类型
20  switch_type = {True:"顺序播放", False: "随机播放"}
21  pygame.mixer_music.load(music_list[0])
22  bg_sur = pygame.image.load("bg8_3.png").convert_alpha()
23
24  PLAY_EVENT = USEREVENT + 1
25  # 设置播放结束事件
26  pygame.mixer_music.set_endevent(PLAY_EVENT)
27  allow_event = [QUIT, KEYDOWN]
28  allow_event.append(PLAY_EVENT)
29
30  while 1:
31      screen.blit(bg_sur, (0, 0))
32      # 事件索取，且指定要获取的事件类型
33      for event in pygame.event.get(allow_event):
34          if event.type == QUIT:
35              pygame.quit()
36              exit()
37          # 键盘按下类型事件
38          if event.type == KEYDOWN:
39              if event.mod in [KMOD_LCTRL, KMOD_RCTRL]:
40                  if event.key == K_SLASH:    # 切换切歌类型，左斜杠
41                      switch_status = not switch_status
42                      print(f"当前切歌类型为：{switch_type[switch_status]}")
43                  if event.key == K_RETURN:   # 输出播放音乐文件名
44                      print(f"播放的音乐为：{music_list[music_index]}")
45              elif not event.mod:
46                  if event.key == K_RETURN: # 开始播放（一遍）
47                      pygame.mixer_music.play(1, 0.0)
48              if event.mod in [KMOD_LSHIFT, KMOD_RSHIFT]:
49                  if event.key in [K_LEFT, K_RIGHT]:
50                      if event.key == K_LEFT:# 向左切歌
51                          music_index -= 1
52                          if music_index == -1:
53                              music_index = len(music_list) - 1
54                      else:                   # 向右切歌
55                          music_index += 1
56                          if music_index == len(music_list):
57                              music_index = 0
```

```
58                pygame.mixer_music.load(music_list[music_index])
59                pygame.mixer_music.play(1, 0.0) # 续播
60            # 音乐播放结束类型事件
61            if event.type == PLAY_EVENT: # 自动播放，切歌
62                if switch_status:              # 顺序切歌
63                    music_index += 1
64                    if music_index == len(music_list):
65                        music_index = 0
66                    pygame.mixer_music.load(music_list[music_index])
67                else:                          # 随机切歌
68                    music_index = random.randrange(len(music_list))
69                    pygame.mixer_music.load(music_list[music_index])
70                pygame.mixer_music.play(1, 0.0) # 续播
71        # 清空 Pygame 事件队列
72        pygame.event.clear()
73        clock.tick(FPS)
74        pygame.display.update()
```

程序运行效果如图9.4所示。

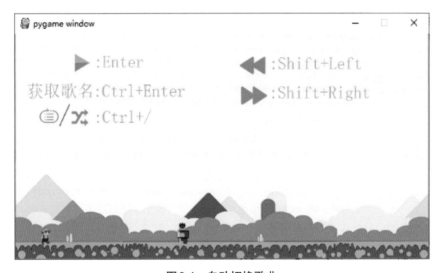

图9.4　自动切换歌曲

9.3　管理声音

在Pygame中，对声音进行管理需要使用pygame.mixer模块中提供的Sound对象和Channel对象。其中，Sound对象用来控制声音，Channel对象用来控制声音通道，下面分别对这两个对象进行介绍。

9.3.1 Sound对象

前面提到使用pygame.mixer_music模块中的play()函数可以控制声音,那么为什么还有使用Sound对象呢?它们有什么区别呢?

使用Sound对象控制声音的播放时,它不会在一开始就把整个声音文件全部载入,而是流式载入播放,但它仅支持单声音流。因此,在遇到长时间的单声音播放时,建议使用pygame.mixer_music子模块来播放,例如背景音乐的播放等;而如果遇到在多个音频之间频繁切换时,可以使用Sound对象控制。

使用Sound对象时,可以从一个声音文件、Python文件句柄或可读的缓冲区对象进行创建该对象,其语法格式如下:

```
# 通过一个文件
pygame.mixer.Sound(filename) ->Sound
pygame.mixer.Sound(file = filename) ->Sound
# 通过一个可读缓冲区
pygame.mixer.Sound(buffer) ->Sound
pygame.mixer.Sound(buffer = filename) ->Sound
# 通过一个对象
pygame.mixer.Sound(object) ->Sound
pygame.mixer.Sound(file = object) ->Sound
```

在上面几种方式中,如果使用的是一个声音文件或一个文件句柄,则该文件必须是WAV或OGG格式,不能是MP3格式。示例代码如下:

```
01  sou_01 = pygame.mixer.Sound("pygame.ogg")
02  obj = open("pygame.ogg", "r")
03  sou_02 = pygame.mixer.Sound(obj)
```

Sound对象同样提供了play()函数,用于声音的播放,其语法格式如下:

```
pygame.mixer.Sound().play(loops=0, maxtime=0, fade_ms=0) ->Channel
```

参数说明如下:

☑ loops:重复的次数(整型)。当loops参数为0时,表示播放一次;为1时,表示除了原本播放的1次外,还需要重复播放1次;大于1时,依次类推。而当小于等于-1时,表示无限次重复播放。

☑ maxtime:指定时间停止播放(毫秒)。

☑ fade_ms:使声音以0音量开始播放,并在给定时间内逐渐升至全音量。

☑ 返回值:调用成功返回一个Channel对象,否则返回一个None。

Sound对象常用函数及说明如表9.1所示。

表9.1 Sound对象常用函数及说明

函数	说明
play()	播放声音
stop()	停止声音播放
fadeout()	淡出声音，可接收一个数字（毫秒）作为淡出时间
set_volume()	设置此声音的播放音量
get_volume()	获取播放音量
get_num_channels()	计算此声音播放的次数
get_length()	获取声音时长（秒为单位）
get_raw()	返回字节缓冲区副本

实例9.4 使用Sound对象播放声音（实例位置：资源包\Code\09\04）

编写一个Pygame程序，其中通过Sound对象实现对声音的播放操作，其功能与实例9.2类似，不同的是添加对音量的控制，以及在开始播放时添加一个淡入的效果。代码如下：

```python
import pygame
from pygame.locals import *

SIZE = WIDTH, HEIGHT = 640, 339
FPS = 60

pygame.mixer.pre_init(44100, 16, 2, 5012)
pygame.init()
screen = pygame.display.set_mode(SIZE)
clock = pygame.time.Clock()
# 创建 Sound 对象
sou_obj = pygame.mixer.Sound("dance.ogg")
bg_sur = pygame.image.load("bg8_4.png").convert_alpha()
is_pause = True   # 暂停与继续开关
volume_inter = 0.08

def set_shortcut(event, key, mod_li= (0, )):
    """ 设置快捷键 """
    assert isinstance(mod_li, tuple)
    assert isinstance(key, int)
    if event.mod in mod_li:
        if event.key == key:
            return True
    return False
```

```python
25
26  while 1:
27      screen.blit(bg_sur, (0, 0))
28      # 键盘轮询，设置音量时以便可以重复接收按键
29      keys = pygame.key.get_pressed()
30      volume = sou_obj.get_volume()
31      if keys[K_UP]:       # 增加音量
32          volume += volume_inter
33          sou_obj.set_volume(volume)
34      if keys[K_DOWN]:  # 降低音量
35          volume -= volume_inter
36          sou_obj.set_volume(volume)
37      # 事件索取
38      for event in pygame.event.get([QUIT, KEYDOWN]):
39          if event.type == QUIT:
40              pygame.quit()
41              exit()
42          if event.type == KEYDOWN:
43              # 开始播放 1 次
44              if set_shortcut(event, K_RETURN):
45                  sou_obj.play(fade_ms = 3000) # 且淡入 3000 毫秒
46                  print("开始播放")
47              # 无限次播放
48              if set_shortcut(event, K_RETURN, (KMOD_LSHIFT,
                                                 KMOD_RSHIFT)):
49                  sou_obj.play(-1)
50                  print("单曲循环播放")
51              # 停止所有播放
52              if set_shortcut(event, K_s, (KMOD_LCTRL, KMOD_RCTRL)):
53                  sou_obj.stop()
54                  print("停止播放")
55              # 淡出3000 毫秒停止
56              if set_shortcut(event, K_f, (KMOD_LCTRL, KMOD_RCTRL)):
57                  sou_obj.fadeout(3000)
58              if set_shortcut(event, K_SPACE):
59                  if is_pause:               # 暂停播放
60                      pygame.mixer.pause()
61                      is_pause = False
62                      print("暂停播放")
63                  else:                      # 继续播放
64                      pygame.mixer.unpause()
65                      is_pause = True
66                      print("继续播放")
```

```
67      # 清空 Pygame 事件队列
68      pygame.event.clear()
69      clock.tick(FPS)     # 帧率
70      pygame.display.update()
```

程序运行效果如图9.5所示。

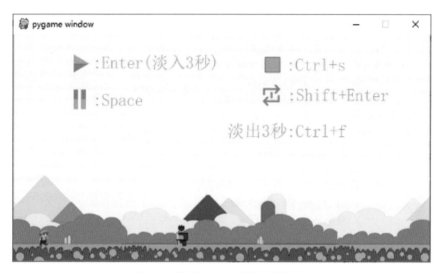

图9.5　使用Sound对象控制声音

9.3.2　Channel对象

Channel对象，也被称作通道，用于精确控制每一个Sound对象的播放。每一个Channel对象都只能控制一个Sound对象，并且具体控制哪一个Channel对象是完全可选的。

创建一个Channel对象的语法格式如下：

```
pygame.mixer.Channel(id) ->Channel
```

返回的是一个代表当前某一个声道的Channel对象，而参数id必须是从0到pygame.mixer.get_num_channels()返回的值之间的值（从0开始）。

说明：Python中控制一个游戏中可以同时播放的声音应默认是8个，我们可以通过pygame.mixer.get_num_channels()方法来获取当前程序中同时播放的音频通道数，一旦超过8个，调用Sound对象的play()函数时就会返回一个None；而如果需要同时播放很多声音，可以使用pygame.mixer.set_num_channels()函数来手动设置通道的数量。

Channel对象常用函数及其作用如表9.2所示。

表9.2　Channel对象常用函数及其作用

函数	说明
stop()	停止在通道上的播放
pause()	暂时停止声音的播放
unpause()	恢复声音的播放
get_busy()	检查通道是否处于活跃状态，即是否正在播放
fadeout()	淡出声音播放，可接收一个数字（毫秒）作为淡出时间
set_volume()	设置通道音量
get_volume()	获取通道音量
get_sound()	获取此通道上实际播放的Sound对象
get_endevent()	获取播放结束类型事件
set_endevent()	设置播放结束事件类型
get_queue	获取声音队列中的Sound对象，没有则为None
queue()	添加Sound对象进入声音队列

创建完Channel对象后，就可以使用Channel对象提供的play()函数来播放声音了，其语法格式如下：

pygame.mixer.Channel().play(Sound,loops=0,maxtime=0,fade_ms=0) ->None

参数Sound是一个Sound对象，表示此通道要播放的具体Sound声音对象，而后面3个参数的意义与Sound.play()函数中参数的意义是一样的。

例如，使用第3个声道播放OGG格式音频文件，代码如下：

```
01  # 可精确控制声道
02  import pygame
03  pygame.init()
04  screen = pygame.display.set_mode((640, 396))
05  pygame.mixer.set_num_channels(6) # 提前设置 6 个 通道
06  sou_obj = pygame.mixer.Sound("pygame.ogg")
07  # 获取第 3 个声道对象，从 0 开始
08  chann_obj = pygame.mixer.Channel(2)
09  # 开始播放，指定要播放哪个 Sound 对象
10  chann_obj.play(sou_obj, 1, fade_ms = 3000)
11  while 1:
12      pass # 此处代码省略
```

上面代码与完全使用Sound对象时自动选择一个声道播放声音的效果是一样的。等效代码如下：

```
01  import pygame
02  pygame.init()
03  screen = pygame.display.set_mode((640, 396))
```

```
04  pygame.mixer.set_num_channels(6)  # 设置 6 个通道
05  sou_obj = pygame.mixer.Sound("pygame.ogg")
06  # 自动在 0 到 6（不包括 6）之间选择某一个声道对象播放
07  chan_obj = sou_obj.play(1, fade_ms = 3000)
08  while 1:
09      pass  # 此处代码省略
```

（1）左右声道音量的控制

使用 Channel 对象的 set_volume() 函数可以控制播放声音时左右两个声道的音量，其语法格式如下：

```
pygame.mixer.Channel().set_volume(value) ->None
pygame.mixer.Channel().set_volume(left,right) ->None
```
参数说明如下：

☑ value：左右两个声道的音量一样，取值介于 0.0 和 1.0（包含）之间。

☑ left：左声道音量，取值介于 0.0 和 1.0（包含）之间。

☑ right：右声道音量，取值介于 0.0 和 1.0（包含）之间，如果值为 None，则采用 left 参数指定的值。

实例9.5 音量的分别控制（实例位置：资源包\Code\09\05）

编写一个 Pygame 程序，通过 Channel 对象无限循环播放一个声音，然后通过 set_volume() 函数对正在播放的声音的音量进行控制，代码如下：

```
01  import pygame
02  from pygame.locals import *
03
04  SIZE = WIDTH, HEIGHT = 640, 339
05  FPS = 30
06
07  pygame.init()
08  screen = pygame.display.set_mode(SIZE)
09  clock = pygame.time.Clock()
10  pygame.key.set_repeat(16)
11  pygame.mixer.set_num_channels(6)          # 提前设置 6 个 声道
12  sou_obj = pygame.mixer.Sound("game_snd.ogg")
13  bg_sur = pygame.image.load("bg8_5.png").convert_alpha()
14  # 获取第 1 个声道对象
15  chann_obj = pygame.mixer.Channel(0)
16  # chann_obj = pygame.mixer.Channel(6)     # 报错
17  # 无限循环播放，且指定要播放哪个 Sound 对象
18  chann_obj.play(sou_obj, -1, fade_ms = 3000)
```

```python
19  volume_inter = 0.012                         # 音量变化量
20  volume_switch = False                        # 音量升降开关
21
22  while 1:
23      screen.blit(bg_sur, (0, 0))
24      sou_volume = sou_obj.get_volume()        # 获取 Sound 总音量
25      chann_volume = chann_obj.get_volume()    # 获取 Channel 总音量
26      single_volume = chann_volume             # 扬声器音量
27      # 打印音量
28      print(f"sou_volume = {sou_volume},------ \
29            chann_volume = {chann_volume}")
30      for event in pygame.event.get():         # 事件索取
31          if event.type == QUIT:               # 判断为程序退出事件
32              pygame.quit()                    # 退出游戏，还原设备
33              exit()                           # 程序退出
34          if event.type == KEYDOWN:
35              if event.key == K_UP:            # 提高
36                  volume_inter = abs(volume_inter)
37                  volume_switch = True
38              if event.key == K_DOWN :         # 降低
39                  volume_inter = -abs(volume_inter)
40                  volume_switch = True
41
42              if volume_switch:
43                  # 改变 Channel 总音量
44                  if event.mod == KMOD_LSHIFT:
45                      chann_volume += volume_inter
46                      chann_obj.set_volume(chann_volume)
47                  # 改变 Channel 左扬声器音量
48                  elif event.mod == KMOD_LCTRL:
49                      single_volume += volume_inter
50                      chann_obj.set_volume(single_volume, chann_volume)
51                  # 改变 Channel 右扬声器音量
52                  elif event.mod == KMOD_LALT:
53                      single_volume += volume_inter
54                      chann_obj.set_volume(chann_volume, single_volume)
55                  # 改变 Sound 总音量
56                  else:
57                      sou_volume += volume_inter
58                      sou_obj.set_volume(sou_volume)
59                  volume_switch = False        # 复位
60      pygame.event.clear()
61      clock.tick(FPS)
62      pygame.display.update()
```

程序运行效果如图9.6所示。

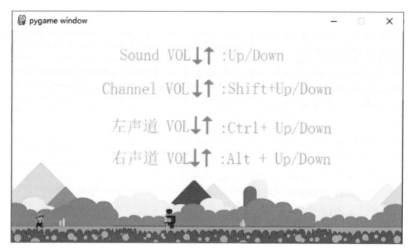

图9.6　音量的分别控制

（2）声音队列的使用

Channel对象提供了一个queue()函数，用来将Sound对象添加到一个声音队列中，这样可以保证下一个声音能够自动续播，queue()函数语法格式如下：

queue(Sound) -> None

参数一个是Sound对象。

使用Channel对象添加声音队列后，当声音在频道上排队时，它将在当前声音结束后立即开始播放下一个声音，但每个通道一次只能排队一个声音，排队的声音仅在当前播放自动结束时播放。但如果当前通道调用了Channel.stop()或Channel.play()函数，则当前通道的声音队列中排队的声音将会被清除。

另外，还可以使用get_queue()函数获取声音队列中的Sound对象，没有则为None，其语法格式如下：

get_queue() -> Sound

例如，下面代码定义了一个声音列表，然后定义了一个get_sound()方法，分别使用声音列表中的文件创建相应的Sound对象，最后使用Channel对象的queue()函数将它们添加到声音队列中，代码如下：

```
01  import pygame
02  AUDIO_LI = ["dance.ogg", "airplane.ogg", "game_snd.ogg"]
03  AUDIO_INDEX = -1                    # 声音文件索引
04  def get_sonnd():
```

```
05      """ 专门创建 Sound 对象,并返回 """
06      global AUDIO_INDEX
07      AUDIO_INDEX += 1
08      if AUDIO_INDEX == len(AUDIO_LI):
09          AUDIO_INDEX = 0
10      obj = pygame.mixer.Sound(AUDIO_LI[AUDIO_INDEX])
11      return obj
12  sou_obj = pygame.mixer.Sound(AUDIO_LI[AUDIO_INDEX])
13  # 获取第 3 个声道对象
14  chann_obj = pygame.mixer.Channel(2)
15  # 播放一遍,且指定要播放哪个 Sound 对象
16  chann_obj.play(sou_obj, fade_ms = 3000)
17  chann_obj.queue(get_sonnd())         # 添加 Sound 对象到声音队列
```

9.4 综合案例——音乐播放器

使用Pygame设计一个音乐播放器,主要功能包括:

☑ 自动搜寻指定目录下所有可用的音乐文件。

☑ 音乐的播放、暂停、继续。

☑ 可自动顺序切歌或随机切歌。

☑ 播放时可快进与快退。

☑ 可调节音量。

☑ 可手动切歌。

程序运行效果如图9.7所示。

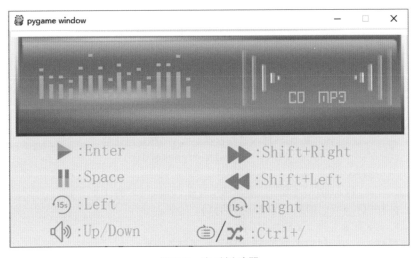

图9.7 音乐播放器

程序开发步骤如下：

① 在 PyCharm 中创建一个 .py 文件，在其头部导入 Pygame 包以及所需的其他 Python 内置模块，并定义需要用到的常量。代码如下：

```
01  import os
02  import random
03  import sys
04
05  import pygame
06  from pygame.locals import *
07
08  SIZE = WIDTH, HEIGHT = 640, 396
09  FPS = 60
10  BASE_DIR = "."                    # 音乐文件夹目录
11  STATUS = {}                       # 音频文件状态
12  """ is_dir: 命令行是否传递一个参数，且是一个目录
13      files: 目录下所有的音乐文件
14  """
15  AUDIO_TYPE = [".ogg", ".wav"] # 音频文件类型后缀
```

② 自定义 get_audio_files() 方法，用来从指定目录中自动搜寻所有可用的音乐文件，代码如下：

```
01  def get_audio_files():
02      """ 获取音频文件 """
03      global STATUS, BASE_DIR
04      # BASE_DIR = "."
05      STATUS = {"state": False, "files": []}
06      if len(sys.argv) == 2:    # 命令行是否传递一个参数
07          dir = sys.argv[1]
08          # 是目录，且存在
09          if os.path.isdir(dir) and os.path.exists(dir):
10              # 返回path最后的文件名。如果path以 / 或 \ 结尾，那么就会返回空值
11              if os.path.basename(os.path.abspath(dir)):
12                  BASE_DIR = dir
13              else: # 返回目录名，若以 / 或 \ 结尾，则去除
14                  BASE_DIR = os.path.dirname(dir)
15          else:
16              raise("不是一个目录或不存在........")
17      print(f"BASE_DIR = {BASE_DIR}")
18      # 提取目录下所有文件和子目录
19      files = os.listdir(BASE_DIR) # 文件名列表
20      if files: # 是否存在文件
```

```
21          for name in files:
22              # 判断文件是否是符合需求的音频文件
23              if os.path.splitext(name)[1] in AUDIO_TYPE:
24                  # 添加的文件需为带路径的音频文件列表，"../../"
25                  path = os.path.abspath(os.path.abspath(BASE_DIR) +
                           os.sep + name)
26                  STATUS["files"].append(path)
27      else:
28          raise("此目录为一个空的目录........")
29      # 判断是否存在有效的音频文件
30      if not STATUS["files"]:
31          raise("此目录为无效目录........")
32      else:
33          STATUS["state"] = True
34          print(f"list_files = {STATUS['files']}")
```

③ 初始化并创建Pygame窗口，并定义程序中需要用到的变量，代码如下：

```
01  pygame.mixer.pre_init(44100, 16, 2, 5012)
02  pygame.init()
03  os.environ['SDL_VIDEO_CENTERED'] = '1'    # 设置窗口居中
04  screen = pygame.display.set_mode(SIZE)    # 创建窗口
05  clock = pygame.time.Clock()               # 创建时钟对象
06  # 创建并添加播放结束类型事件
07  PLAY_EVENT = USEREVENT + 1
08  pygame.mixer_music.set_endevent(PLAY_EVENT)
09  all_event = list(range(pygame.NOEVENT, pygame.USEREVENT))
10  allow_event = [QUIT, KEYDOWN]
11  block_event = [i for i in all_event if i not in allow_event]
12  # 禁止无关事件进入 Pygame 事件队列
13  pygame.event.set_blocked(block_event)
14  allow_event.append(PLAY_EVENT)
15  volume_inter = 0.015          # 音量偏移
16  pos_inter = 2500              # 位置偏移
17  is_pause = True               # 暂停与继续开关
18  pos_switch = False            # 快进开关
19  switch_status = True          # 音乐切换类型
20  switch_type = {True:"顺序播放", False: "随机播放"}
21  # 自定义音频文件列表，需在当前工作目录下
22  music_list = ['pygame.ogg', "biaozhang.wav", \
23                "pygame.wav", "ruchang.ogg"]
24  music_index = 0               # 音乐索引
25  get_audio_files()             # 获取音频文件
26  if STATUS["state"]:
```

```
27      music_list = STATUS["files"]
28  # 默认加载第一个音乐文件
29  pygame.mixer_music.load(music_list[music_index])
30  bg_sur = pygame.image.load("bg_row.png").convert_alpha()
```

④ 自定义一个auto_load_music()方法，其中根据切歌的方式自动加载音乐并播放。该方法中有两个参数，其中，第1个参数表示左右切歌的方向，第2个参数表示是否为随机切歌。代码如下：

```
01  def auto_load_music(dir, is_random = False):
02      """ 自动加载音乐文件并播放 """
03      global music_index
04      if is_random:           # 随机切歌
05          music_index = random.randrange(len(music_list))
06      elif dir == K_LEFT:     # 向左切歌
07          music_index -= 1
08      elif dir == K_RIGHT:    # 向右切歌
09          music_index += 1
10      music_index %= len(music_list)
11      pygame.mixer_music.load(music_list[music_index])
12      pygame.mixer_music.play(1, 0.0)
13      print("加载音乐为： = ", music_list[music_index])
```

⑤ 创建Pygame主逻辑循环，在其中监听键盘事件，根据不同的按键来执行不同的音乐功能。具体实现时，通过Pygame事件队列使用事件索取，目的是在实现快进与快退以及音量的升降功能时，能够与其他不需要重复接收键盘事件的功能代码区分。代码如下：

```
01  while True:
02      screen.blit(bg_sur, (0, 0))
03      # 键盘轮询，设置音量时以便可以重复接收按键
04      keys = pygame.key.get_pressed()
05      mods = pygame.key.get_mods()
06      volume = pygame.mixer_music.get_volume() # 获取音量
07      pos = pygame.mixer_music.get_pos()       # 获取播放位置
08
09      if mods == 0:
10          if keys[K_LEFT]:            # 快退
11              pos_inter = -abs(pos_inter)
12              pos_switch = True
13          if keys[K_RIGHT]:           # 快进
14              pos_inter = abs(pos_inter)
15              pos_switch = True
```

```python
16          if keys[K_UP]:                  # 增加音量
17              volume += volume_inter
18              pygame.mixer_music.set_volume(volume)
19          if keys[K_DOWN]:                # 降低音量
20              volume -= volume_inter
21              pygame.mixer_music.set_volume(volume)
22      if pos_switch:                      # 快进与快退
23          pos += pos_inter
24          try:
25              pygame.mixer_music.set_pos(pos)
26          except Exception as e:
27              print(" 快退播放出错：", e)
28          pos_switch = False      # 复位
29      # 事件索取
30      for event in pygame.event.get(allow_event):
31          if event.type == QUIT:
32              pygame.quit()
33              exit()
34          # 键盘按下事件
35          if event.type == KEYDOWN:
36              if event.key == K_RETURN:   # 开始播放（一遍）
37                  pygame.mixer_music.play(1, 0.0)
38              if event.key == K_SPACE:
39                  if is_pause:            # 暂停播放
40                      print("暂停播放")
41                      pygame.mixer_music.pause()
42                      is_pause = False
43                  else:                   # 继续播放
44                      print("继续播放")
45                      pygame.mixer_music.unpause()
46                      is_pause = True
47              if event.mod in [KMOD_LCTRL, KMOD_RCTRL]:
48                  if event.key == K_SLASH:    # 切换切歌类型，斜杠
49                      switch_status = not switch_status
50                      print(f" 当前切歌类型为：{switch_type[switch_status]}")
51              if event.mod in [KMOD_LSHIFT, KMOD_RSHIFT]:
52                  if event.key == K_LEFT:     # 向左切歌
53                      auto_load_music(K_LEFT)
54                  elif event.key == K_RIGHT:  # 向右切歌
55                      auto_load_music(K_RIGHT)
56          # 音乐播放结束事件
57          if event.type == PLAY_EVENT:    # 自动播放，切歌
58              if switch_status:           # 顺序切歌，向右
```

```
59                    auto_load_music(K_RIGHT)
60            else:                        # 随机切歌
61                    auto_load_music(None, is_random = True)
62      pygame.event.clear() # 清空 Pygame 事件队列
63      pygame.display.update()
64      clock.tick(FPS)
```

9.5 实战练习

通过使用 Pygame 中的 Channel 对象实现音乐续播的功能（提示：需要用到声音队列），程序运行效果如图 9.8 所示。

图9.8　使用 Channel 对象实现音乐续播

第 2 篇 案例篇

第10章

Flappy Bird

——pygame + 键盘事件监听实现

Flappy Bird是一款鸟类飞行游戏，由越南河内独立游戏开发者阮哈东（Dong Nguyen）开发。在我们要开发的这款游戏中，玩家只需要不断地单击，小鸟就会不断地往高处飞。无操作时，则会快速下降。玩家要控制小鸟一直向前飞行，然后注意躲避途中高低错落的管子。如果小鸟碰到了障碍物，游戏就会结束。每当小鸟飞过一组管道，玩家就会获得1分。本章将使用Pygame开发一个Flappy Bird游戏。

本章知识架构如下：

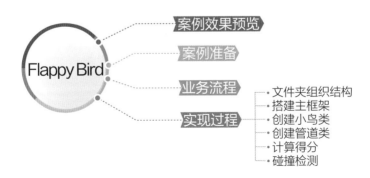

10.1 案例效果预览

本案例实现了一个简易版的 Flappy Bird 游戏,运行程序,小鸟默认会自动往下落,但我们可以通过按键盘上的按键使其往高处飞,每当小鸟飞过一组管道,玩家就会获得一分;而如果小鸟碰到了障碍物,游戏就会结束,并显示得分。运行结果如图10.1所示。

图 10.1 Flappy Bird 游戏

10.2 案例准备

本游戏的开发及运行环境具体如下:
- ☑ 操作系统:Windows 7、Windows 8、Windows 10等。
- ☑ 开发语言:Python。
- ☑ 开发工具:PyCharm。
- ☑ 第三方模块:Pygame。

10.3 业务流程

在开发Flappy Bird游戏前,需要了解其业务流程,如图10.2所示。

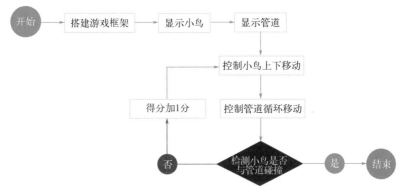

图10.2 业务流程

10.4 实现过程

在Flappy Bird游戏中,主要有两个对象,即小鸟和管道,可以创建Bird类和Pineline类来分别表示这两个对象。小鸟可以通过上下移动来躲避管道,所以在Bird类中创建一个birdUpdate()方法,实现小鸟的上下移动。而为了体现小鸟向前飞行的特征,可以让管道一直向左侧移动,这样在窗口中就好像小鸟在向前飞行,所以,在Pineline类中创建一个updatePipeline()方法,实现管道的向左移动。此外,还创建了3个函数:createMap()函数用于绘制地图;checkDead()函数用于判断小鸟的生命状态;getResult()函数用于获取最终分数。最后在主逻辑中,实例化类并调用相关方法,实现相应功能。下面对Flappy Bird游戏的实现过程进行详细讲解。

10.4.1 文件夹组织结构

Flappy Bird游戏的文件夹组织结构主要包括assets(保存资源)、flappybird.py文件(逻辑代码实现),详细结构如图10.3所示。

图10.3 项目文件结构

10.4.2 搭建主框架

通过前面的分析，我们可以搭建起Flappy Bird游戏的主框架。Flappy Bird游戏有两个对象：小鸟和管道。先来创建这两个类，类中具体的方法可以先使用pass语句代替。然后创建一个绘制地图的函数createMap()。最后，在主逻辑中绘制背景图片。关键代码如下：

```
01  import pygame
02  import sys
03  import random
04
05  class Bird(object):
06      """定义一个鸟类"""
07      def __init__(self):
08          """定义初始化方法"""
09          pass
10
11      def birdUpdate(self):
12          pass
13
14  class Pipeline(object):
15      """定义一个管道类"""
16      def __init__(self):
17          """定义初始化方法"""
18          pass
19
20      def updatePipeline(self):
21          """水平移动"""
22          pass
23
24  def createMap():
25      """定义创建地图的方法"""
26      screen.fill((255, 255, 255))            # 填充颜色
27      screen.blit(background, (0, 0))         # 填入到背景
28      pygame.display.update()                 # 更新显示
29
30  if __name__ == '__main__':
31      """主程序"""
32      pygame.init()                                       # 初始化pygame
33      size  = width, height = 400, 720                    # 设置窗口
34      screen = pygame.display.set_mode(size)              # 显示窗口
35      clock  = pygame.time.Clock()                        # 设置时钟
36      Pipeline = Pipeline()                               # 实例化管道类
```

```
37    Bird = Bird()                                  # 实例化鸟类
38    while True:
39        clock.tick(60)                             # 每秒执行60次
40        # 轮询事件
41        for event in pygame.event.get():
42            if event.type == pygame.QUIT:
43                sys.exit()
44
45        background = pygame.image.load("assets/background.png")
                                                     # 加载背景图片
46        createMap()                                # 绘制地图
47    pygame.quit()                                  # 退出
```

运行结果如图10.4所示。

图10.4 游戏主框架运行结果

10.4.3 创建小鸟类

下面来创建小鸟类。该类需要初始化很多参数,所以定义一个__init__()方法,用来初始化各种参数,包括鸟的飞行的几种状态、飞行的速度、跳跃的高度等。然后定义birdUpdate()方法,该方法用于实现小鸟的跳跃和坠落。接下来,在主逻辑的轮询事件中添加键盘按下事件或鼠标单击事件,如按下鼠标,使小鸟上升等。最后，在createMap()方法中，显示小鸟的图像。关键代码如下：

```python
01  import pygame
02  import sys
03  import random
04
05  class Bird(object):
06      """定义一个鸟类"""
07      def __init__(self):
08          """定义初始化方法"""
09          self.birdRect = pygame.Rect(65, 50, 50, 50)  # 鸟的矩形
10          # 定义鸟的3种状态列表
11          self.birdStatus = [pygame.image.load("assets/1.png"),
12                             pygame.image.load("assets/2.png"),
13                             pygame.image.load("assets/dead.png")]
14          self.status = 0             # 默认飞行状态
15          self.birdX = 120            # 鸟所在X轴坐标，即向右飞行的速度
16          self.birdY = 350            # 鸟所在Y轴坐标，即上下飞行高度
17          self.jump = False           # 默认小鸟自动降落
18          self.jumpSpeed = 10         # 跳跃高度
19          self.gravity = 5            # 重力
20          self.dead = False           # 默认小鸟生命状态为活着
21
22      def birdUpdate(self):
23          if self.jump:
24              # 小鸟跳跃
25              self.jumpSpeed -= 1             # 速度递减，上升越来越慢
26              self.birdY -= self.jumpSpeed    # 鸟Y轴坐标减小，小鸟上升
27          else:
28              # 小鸟坠落
29              self.gravity += 0.2             # 重力递增，下降越来越快
30              self.birdY += self.gravity      # 鸟Y轴坐标增加，小鸟下降
31          self.birdRect[1] = self.birdY       # 更改Y轴位置
32
33  class Pipeline(object):
34      """定义一个管道类"""
35      def __init__(self):
36          """定义初始化方法"""
37          pass
38
39      def updatePipeline(self):
40          """水平移动"""
41          pass
42
```

```python
43  def createMap():
44      """定义创建地图的方法"""
45      screen.fill((255, 255, 255))              # 填充颜色
46      screen.blit(background, (0, 0))           # 填入到背景
47      # 显示小鸟
48      if Bird.dead:                             # 撞管道状态
49          Bird.status = 2
50      elif Bird.jump:                           # 起飞状态
51          Bird.status = 1
52      screen.blit(Bird.birdStatus[Bird.status], (Bird.birdX,
        Bird.birdY))  # 设置小鸟的坐标
53      Bird.birdUpdate()                         # 鸟移动
54      pygame.display.update()                   # 更新显示
55
56  if __name__ == '__main__':
57      """主程序"""
58      pygame.init()                             # 初始化pygame
59      size   = width, height = 400, 680         # 设置窗口
60      screen = pygame.display.set_mode(size)    # 显示窗口
61      clock  = pygame.time.Clock()              # 设置时钟
62      Pipeline = Pipeline()                     # 实例化管道类
63      Bird = Bird()                             # 实例化鸟类
64      while True:
65          clock.tick(60)                        # 每秒执行60次
66          # 轮询事件
67          for event in pygame.event.get():
68              if event.type == pygame.QUIT:
69                  sys.exit()
70              if (event.type == pygame.KEYDOWN or event.type ==
                    pygame.MOUSEBUTTONDOWN) and
71                                                        not Bird.dead:
72                  Bird.jump = True              # 跳跃
73                  Bird.gravity = 5              # 重力
74                  Bird.jumpSpeed = 10           # 跳跃速度
75
76          background = pygame.image.load("assets/background.png")  # 加载背景图片
77          createMap()                                              # 创建地图
78      pygame.quit()
```

上述代码在Bird类中设置了birdStatus属性，该属性是一个鸟类图片的列表，列表中存储小鸟3种飞行状态，根据小鸟的不同状态加载相应的图片。在birdUpdate()方法中，为了达到较好的动画效果，使jumpSpeed和gravity两个属性逐渐变化。运行上述代码，在窗体内创建一只小鸟，默认情况为小鸟会一直下

降。当单击一下鼠标或按一下键盘，小鸟会跳跃一下，高度上升。运行效果如图10.5所示。

图10.5　添加小鸟后的运行效果

10.4.4　创建管道类

创建完鸟类后，接下来创建管道类。同样，在__init__()方法中初始化各种参数，包括设置管道的坐标，加载上下管道图片等。然后在updatePipeline()方法中，定义管道向左移动的速度，并且当管道移出屏幕时，重新绘制下一组管道。最后，在createMap()函数中显示管道。关键代码如下：

```
01  import pygame
02  import sys
03  import random
04
05  class Bird(object):
06      # 省略部分代码
07
```

```python
08  class Pipeline(object):
09      """定义一个管道类"""
10      def __init__(self):
11          """定义初始化方法"""
12          self.wallx    = 400;                                    # 管道所在X轴坐标
13          self.pineUp   = pygame.image.load("assets/top.png")
                                                                    # 加载上管道图片
14          self.pineDown = pygame.image.load("assets/bottom.png")
                                                                    # 加载下管道图片
15      def updatePipeline(self):
16          """"管道移动方法"""
17          self.wallx -= 5          # 管道X轴坐标递减，即管道向左移动
18          # 当管道运行到一定位置，即小鸟飞越管道，分数加1，并且重置管道
19          if self.wallx < -80:
20              self.wallx = 400
21
22  def createMap():
23      """定义创建地图的方法"""
24      screen.fill((255, 255, 255))          # 填充颜色
25      screen.blit(background, (0, 0))       # 填入到背景
26
27      # 显示管道
28      screen.blit(Pipeline.pineUp,(Pipeline.wallx,-300));    # 上管道坐标位置
29      screen.blit(Pipeline.pineDown,(Pipeline.wallx,500));   # 下管道坐标位置
30      Pipeline.updatePipeline()              # 管道移动
31
32      # 显示小鸟
33      if Bird.dead:                  # 撞管道状态
34          Bird.status = 2
35      elif Bird.jump:                # 起飞状态
36          Bird.status = 1
37      screen.blit(Bird.birdStatus[Bird.status], (Bird.birdX, Bird.birdY))
        # 设置小鸟的坐标
38      Bird.birdUpdate()              # 鸟移动
39
40      pygame.display.update()        # 更新显示
41
42  if __name__ == '__main__':
43      #省略部分代码
44      while True:
45          clock.tick(60)    # 每秒执行60次
46          # 轮询事件
47          for event in pygame.event.get():
```

```
48              if event.type == pygame.QUIT:
49                  sys.exit()
50              if (event.type == pygame.KEYDOWN or event.type ==
                    pygame.MOUSEBUTTONDOWN) and
51                                              not Bird.dead:
52                  Bird.jump = True     # 跳跃
53                  Bird.gravity = 5     # 重力
54                  Bird.jumpSpeed = 10  # 跳跃速度
55
56      background = pygame.image.load("assets/background.png")
                                        # 加载背景图片
57      createMap() # 创建地图
58  pygame.quit()
```

上述代码中，在createMap()函数内，设置先显示管道，再显示小鸟。这样做的目的是为了当小鸟与管道图像重合时，小鸟的图像显示在上层，而管道的图像显示在底层。运行结果如图10.6所示。

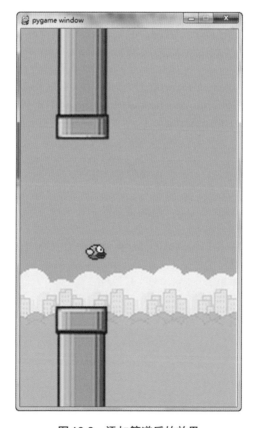

图10.6　添加管道后的效果

10.4.5 计算得分

当小鸟飞过管道时,玩家得分加1。这里对于飞过管道的逻辑做了简化处理:当管道移动到窗体左侧一定距离后,默认为小鸟飞过管道,使分数加1,并显示在屏幕上。在updatePipeline()方法中已经实现该功能,关键代码如下:

```
01  import pygame
02  import sys
03  import random
04
05  class Bird(object):
06      # 省略部分代码
07  class Pipeline(object):
08      # 省略部分代码
09      def updatePipeline(self):
10          """管道移动方法"""
11          self.wallx -= 5            # 管道X轴坐标递减,即管道向左移动
12          # 当管道运行到一定位置,即小鸟飞越管道,分数加1,并且重置管道
13          if self.wallx < -80:
14              global score
15              score += 1
16              self.wallx = 400
17
18  def createMap():
19      """定义创建地图的方法"""
20      # 省略部分代码
21
22      # 显示分数
23      screen.blit(font.render(str(score),-1,(255, 255, 255)),(200, 50))
                                              # 设置颜色及坐标位置
24      pygame.display.update()       # 更新显示
25
26  if __name__ == '__main__':
27      """主程序"""
28      pygame.init()                 # 初始化pygame
29      pygame.font.init()            # 初始化字体
30      font = pygame.font.SysFont(None, 50)    # 设置默认字体和大小
31      size = width, height = 400, 680         # 设置窗口
32      screen = pygame.display.set_mode(size)  # 显示窗口
33      clock = pygame.time.Clock()             # 设置时钟
34      Pipeline = Pipeline()         # 实例化管道类
35      Bird = Bird()                 # 实例化鸟类
36      score = 0                     # 初始化分数
```

```
37    while True:
38        # 省略部分代码
```

运行效果如图10.7所示。

图10.7　显示分数

10.4.6　碰撞检测

当小鸟与管道相撞时，小鸟颜色变为灰色，游戏结束，并且显示总分数。在checkDead()函数中通过pygame.Rect()可以分别获取小鸟的矩形区域对象和管道的矩形区域对象，该对象有一个colliderect()方法可以判断两个矩形区域是否相撞。如果相撞，设置Bird.dead属性为True。此外，当小鸟飞出窗体时，也设置Bird.dead属性为True。最后，用两行文字显示总得分。关键代码如下：

```
01  import pygame
02  import sys
03  import random
04
```

```python
05  class Bird(object):
06      # 省略部分代码
07  class Pipeline(object):
08              # 省略部分代码
09  def createMap():
10      # 省略部分代码
11  def checkDead():
12      # 上方管子的矩形位置
13      upRect = pygame.Rect(Pipeline.wallx,-300,
14                          Pipeline.pineUp.get_width() - 10,
15                          Pipeline.pineUp.get_height())
16
17      # 下方管子的矩形位置
18      downRect = pygame.Rect(Pipeline.wallx,500,
19                          Pipeline.pineDown.get_width() - 10,
20                          Pipeline.pineDown.get_height())
21      # 检测小鸟与上下方管子是否碰撞
22      if upRect.colliderect(Bird.birdRect) or downRect.colliderect(Bird.\
        birdRect):
23          Bird.dead = True
24      # 检测小鸟是否飞出上下边界
25      if not 0 < Bird.birdRect[1] < height:
26          Bird.dead = True
27          return True
28      else :
29          return False
30
31  def getResutl():
32      final_text1 = "Game Over"
33      final_text2 = "Your final score is:  " + str(score)
34      ft1_font = pygame.font.SysFont("Arial", 70)    # 设置第一行文字字体
35      ft1_surf = font.render(final_text1, 1, (242,3,36))
                                                        # 设置第一行文字颜色
36      ft2_font = pygame.font.SysFont("Arial", 50)  # 设置第二行文字字体
37      ft2_surf = font.render(final_text2, 1, (253, 177, 6))
                                                        # 设置第二行文字颜色
38      # 设置第一行文字显示位置
39      screen.blit(ft1_surf, [screen.get_width()/2 - ft1_surf.get_width()/2, 100])
40      # 设置第二行文字显示位置
41      screen.blit(ft2_surf, [screen.get_width()/2 - ft2_surf.get_width()/2, 200])
42      pygame.display.flip()      # 更新整个待显示的Surface对象到屏幕上
43
44  if __name__ == '__main__':
```

```
45      """主程序"""
46      # 省略部分代码
47      while True:
48          # 省略部分代码
49          background = pygame.image.load("assets/background.png")
                                        # 加载背景图片
50          if checkDead() : # 检测小鸟生命状态
51              getResutl()    # 如果小鸟死亡，显示游戏总分数
52          else :
53              createMap()    # 创建地图
54      pygame.quit()
```

上述代码的checkDead()方法中，upRect.colliderect(Bird.birdRect)用于检测小鸟的矩形区域是否与上管道的矩形区域相撞，colliderect()函数的参数是另一个矩形区域对象。

说明：本案例虽实现了Flappy Bird的基本功能，但还有很多需要完善的地方，如设置游戏的难度，包括设置管道的高度、小鸟的飞行速度等，读者可以尝试完善该游戏。

玛丽冒险

——pygame + itertools + random实现

以前有很多经典的游戏,例如,魂斗罗、超级玛丽等,其中超级玛丽有多个版本。本章我们就使用Python通过模拟超级玛丽实现一个玛丽冒险的小游戏。

本章知识架构如下:

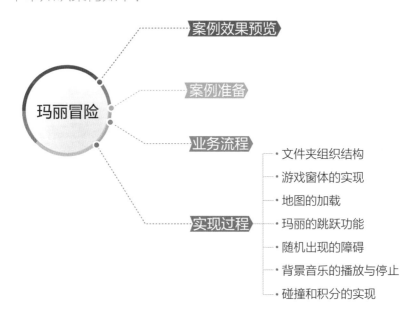

11.1 案例效果预览

模拟超级玛丽实现玛丽冒险的小游戏,该游戏具备以下功能:
☑ 播放与停止背景音乐;
☑ 随机生成管道与导弹障碍;
☑ 显示积分;

☑ 跳跃躲避障碍；
☑ 碰撞障碍；
☑ 游戏音效。

玛丽冒险游戏主窗体运行效果如图11.1所示。

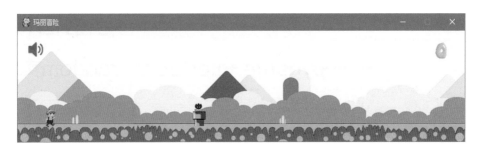

图11.1 玛丽冒险游戏主窗体运行效果图

关闭背景音乐运行效果如图11.2所示。

图11.2 关闭背景音乐

单击空格按键，越过障碍的运行效果如图11.3所示。

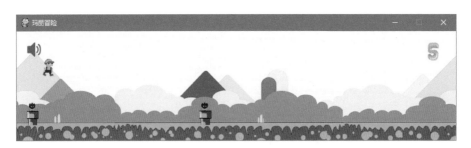

图11.3 越过障碍

碰撞障碍物的运行效果如图11.4所示。

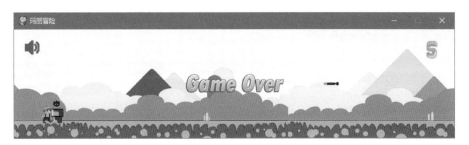

图 11.4　碰撞障碍物

11.2　案例准备

本游戏的开发及运行环境具体如下：
- ☑ 操作系统：Windows 7、Windows 8、Windows 10 等。
- ☑ 开发语言：Python。
- ☑ 开发工具：PyCharm。
- ☑ Python 内置模块：itertools、random。
- ☑ 第三方模块：Pygame。

11.3　业务流程

在开发玛丽冒险案例前，需要先规划其业务流程，如图 11.5 所示。

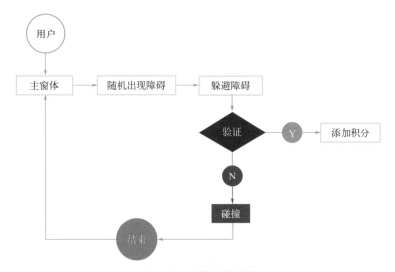

图 11.5　系统业务流程

11.4 实现过程

11.4.1 文件夹组织结构

玛丽冒险游戏的文件夹组织结构主要包括audio（保存音效文件）、image（保存图片）和一个marie.py文件，详细结构如图11.6所示。

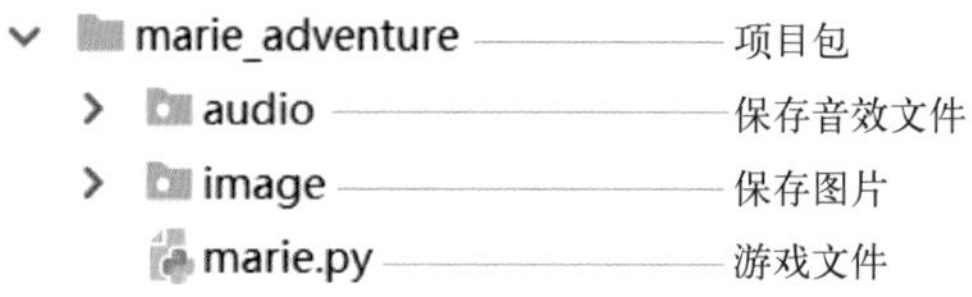

```
▼ 📁 marie_adventure ──────── 项目包
   ▶ 📁 audio ──────────────── 保存音效文件
   ▶ 📁 image ──────────────── 保存图片
     🐍 marie.py ─────────────  游戏文件
```

图11.6 项目文件结构

11.4.2 游戏窗体的实现

在实现游戏窗体时，首先需要定义窗体的宽度与高度，然后通过pygame模块中的init()方法，实现初始化功能，接下来需要创建循环，在循环中通过update()函数不断更新窗体，最后需要判断用户是否单击了关闭窗体的按钮，如果单击了"关闭"按钮，将关闭窗体，否则继续循环显示窗体。

通过pygame模块实现玛丽冒险游戏主窗体的具体步骤如下：

① 创建名称为marie_adventure的项目文件夹，然后在该文件夹中分别创建两个文件夹：一个命名为audio，用于保存游戏中的音频文件；另一个命名为image，用于保存游戏中所使用的图片资源。最后在项目文件夹内创建marie.py文件，在该文件中实现玛丽冒险的游戏代码。

② 导入pygame库与pygame中的常量库，然后定义窗体的宽度与高度，代码如下：

```python
55  import pygame   # 将pygame库导入到python程序中
56  from pygame.locals import *    # 导入pygame中的常量
57  import sys                     # 导入系统模块
58
59  SCREENWIDTH = 822   # 窗口宽度
60  SCREENHEIGHT = 199  # 窗口高度
61  FPS = 30   # 更新画面的时间
```

③ 创建mainGame()方法，在该方法中首先进行pygame的初始化工作，然后创建时间对象，用于更新窗体中的画面，再创建窗体实例并设置窗体的标题文字，最后通过循环实现窗体的显示与刷新。代码如下：

```
01  def mainGame():
02      score = 0   # 得分
03      over = False    # 游戏结束标记
04      global SCREEN, FPSCLOCK
05      pygame.init()   # 经过初始化以后我们就可以尽情地使用pygame了
06      # 使用Pygame时钟之前,必须先创建Clock对象的一个实例
07      # 控制每个循环多长时间运行一次
08      FPSCLOCK = pygame.time.Clock()
09      # 通常来说我们需要先创建一个窗体,方便我们与程序的交互
10      SCREEN = pygame.display.set_mode((SCREENWIDTH, SCREENHEIGHT))
11      pygame.display.set_caption('玛丽冒险')  # 设置窗体标题
12      while True:
13          # 获取单击事件
14          for event in pygame.event.get():
15              # 如果单击了关闭窗体就将窗体关闭
16              if event.type == QUIT:
17                  pygame.quit()   # 退出窗口
18                  sys.exit()  # 关闭窗口
19  
20  
21          pygame.display.update()     # 更新整个窗体
22          FPSCLOCK.tick(FPS)  # 循环应该多长时间运行一次
23  
24  
25  if __name__ == '__main__':
26      mainGame()
```

主窗体的运行效果如图11.7所示。

图11.7　主窗体运行效果

11.4.3　地图的加载

在实现一个无限循环移动的地图时,首先需要渲染两张地图的背景图片,然后将地图1的背景图片展示在窗体当中,而另一张地图2的背景图片需要在窗体

的外面进行准备，如图11.8所示。

接下来两张地图同时以相同的速度向左移动，此时窗体外的地图2背景图片将跟随第一张地图1背景图片进入窗体中，如图11.9所示。

当地图1完全离开窗体的时候，将该图片的坐标设置为准备状态的坐标位置，如图11.10所示。

图11.8　移动地图的准备工作　　图11.9　地图2背景图片进入窗体　　图11.10　地图1离开窗体后的位置

通过不断地颠倒两张图片位置，然后平移，此时在用户的视觉中就形成了一张不断移动的地图。通过代码实现移动地图的具体步骤如下：

① 创建一个名称为MyMap的滚动地图类，然后在该类的初始化方法中加载背景图片与定义X与Y的坐标，代码如下：

```
01  # 定义一个移动地图类
02  class MyMap():
03  
04      def __init__(self, x, y):
05          # 加载背景图片
06          self.bg = pygame.image.load("image/bg.png").convert_alpha()
07          self.x = x
08          self.y = y
```

② 在MyMap类中创建map_rolling()方法，在该方法中根据地图背景图片的X坐标判断是否移出窗体，如果移出就给图片设置一个新的坐标点，否则按照每次5个像素的跨度向左移动，代码如下：

```
01  def map_rolling(self):
02      if self.x < -790:    # 小于-790说明地图已经完全移动完毕
03          self.x = 800     # 给地图一个新的坐标点
04      else:
05          self.x -= 5      # 5个像素向左移动
```

③ 在MyMap类中创建map_update()方法，在该方法中实现地图无限滚动的效果，代码如下：

```
01  # 更新地图
02  def map_update(self):
```

```
03      SCREEN.blit(self.bg, (self.x, self.y))
```

④ 在mainGame()方法中，在设置标题文字代码的下面创建两个背景图片的对象，代码如下：

```
01  # 创建地图对象
02  bg1 = MyMap(0, 0)
03  bg2 = MyMap(800, 0)
```

⑤ 在mainGame()方法的循环中，实现无限循环滚动的地图，代码如下：

```
01  if over == False:
02      # 绘制地图起到更新地图的作用
03      bg1.map_update()
04      # 地图移动
05      bg1.map_rolling()
06      bg2.map_update()
07      bg2.map_rolling()
```

滚动地图的运行效果如图11.11所示。

图 11.11　滚动地图的运行效果

11.4.4　玛丽的跳跃功能

在实现玛丽的跳跃功能时，首先需要制定玛丽的固定坐标，也就是默认显示在地图上的固定位置，然后判断是否按下了键盘中的space（空格）按键，如果按下了就开启玛丽的跳跃开关，让玛丽以5个像素的距离向上移动。当玛丽到达窗体顶部的边缘时，再让玛丽以5个像素的距离向下移动，回到地面后关闭跳跃的开关。

实现玛丽跳跃功能的具体实现步骤如下：

① 导入迭代工具，创建一个名称为Marie的玛丽类，在该类的初始化方法中首先定义玛丽跳跃时所需要的变量，然后加载玛丽跑动的三张图片，最后加载玛丽跳跃时的音效并设置玛丽默认显示的坐标位置，代码如下：

```
01  from itertools import cycle   # 导入迭代工具
02
03  # 玛丽类
04  class Marie():
05      def __init__(self):
06          # 初始化玛丽矩形
07          self.rect = pygame.Rect(0, 0, 0, 0)
08          self.jumpState = False   # 跳跃的状态
09          self.jumpHeight = 130    # 跳跃的高度
10          self.lowest_y = 140      # 最低坐标
11          self.jumpValue = 0       # 跳跃增变量
12          # 玛丽动图索引
13          self.marieIndex = 0
14          self.marieIndexGen = cycle([0, 1, 2])
15          # 加载玛丽图片
16          self.adventure_img = (
17              pygame.image.load("image/adventure1.png").convert_alpha(),
18              pygame.image.load("image/adventure2.png").convert_alpha(),
19              pygame.image.load("image/adventure3.png").convert_alpha(),
20          )
21          self.jump_audio = pygame.mixer.Sound('audio/jump.wav')   # 跳音效
22          self.rect.size = self.adventure_img[0].get_size()
23          self.x = 50;   # 绘制玛丽的X坐标
24          self.y = self.lowest_y;   # 绘制玛丽的Y坐标
25          self.rect.topleft = (self.x, self.y)
```

② 在Marie类中创建jump()方法，通过该方法实现开启跳跃的开关，代码如下：

```
01  # 跳状态
02  def jump(self):
03      self.jumpState = True
```

③ 在Marie类中创建move()方法，在该方法中判断是否满足两个条件，即玛丽的跳跃开关开启，玛丽在地面上，如果满足，玛丽就以5个像素的距离向上移动。当玛丽到达窗体顶部时，则以5个像素的距离向下移动，当玛丽回到地面后，关闭跳跃开关。代码如下：

```
01  # 玛丽移动
02  def move(self):
03      if self.jumpState:   # 当起跳的时候
04          if self.rect.y >= self.lowest_y:   # 如果站在地上
```

```
05              self.jumpValue = -5   # 以5个像素值向上移动
06          if self.rect.y <= self.lowest_y - self.jumpHeight:
                                      # 玛丽到达顶部回落
07              self.jumpValue = 5    # 以5个像素值向下移动
08          self.rect.y += self.jumpValue   # 通过循环改变玛丽的Y坐标
09          if self.rect.y >= self.lowest_y:   # 如果玛丽回到地面
10              self.jumpState = False   # 关闭跳跃状态
```

④ 在Marie类中创建draw_marie()方法，在该方法中首先匹配玛丽跑步的动图，然后进行玛丽的绘制，代码如下：

```
01  # 绘制玛丽
02  def draw_marie(self):
03      # 匹配玛丽动图
04      marieIndex = next(self.marieIndexGen)
05      # 绘制玛丽
06      SCREEN.blit(self.adventure_img[marieIndex],
07                  (self.x, self.rect.y))
```

⑤ 在mainGame()方法中，在创建地图对象的代码下面创建玛丽对象，代码如下：

```
01  # 创建玛丽对象
02  marie = Marie()
```

⑥ 在mainGame()方法的while循环中，在判断关闭窗体的下面判断是否按下了空格键，如果按下了就开启玛丽跳跃开关并播放跳跃音效，代码如下：

```
01  # 单击键盘空格键，开启跳的状态
02  if event.type == KEYDOWN and event.key == K_SPACE:
03      if marie.rect.y >= marie.lowest_y:   # 如果玛丽在地面上
04          marie.jump_audio.play()   # 播放玛丽跳跃音效
05          marie.jump()   # 开启玛丽跳的状态
```

⑦ 在mainGame()方法中绘制地图的代码下面实现玛丽的移动与绘制功能，代码如下：

```
01  # 玛丽移动
02  marie.move()
03  # 绘制玛丽
04  marie.draw_marie()
```

按下空格键，玛丽跳跃功能的运行效果如图11.12所示。

图 11.12　跳跃的玛丽

11.4.5　随机出现的障碍

在实现障碍物的出现时，首先需要考虑到障碍物的大小以及障碍物不能相同，如果每次出现的障碍物都是相同的，那么游戏将失去乐趣，所以需要加载两个大小不同的障碍物图片；然后随机抽选并显示，还需要通过计算来设置多久出现一个障碍并将障碍物显示在窗体当中。

实现随机出现障碍的具体实现步骤如下：

① 导入随机数，创建一个名称为Obstacle的障碍物类，在该类中定义一个分数，然后在初始化方法中加载障碍物图片、分数图片以及加分音效。创建0或1的随机数字，根据该数字抽选障碍物是导弹还是管道，最后根据图片的宽高创建障碍物矩形的大小并设置障碍物的绘制坐标。代码如下：

```
01  import random   # 随机数
02  # 障碍物类
03  class Obstacle():
04      score = 1    # 分数
05      move = 5     # 移动距离
06      obstacle_y = 150  # 障碍物Y坐标
07      def __init__(self):
08          # 初始化障碍物矩形
09          self.rect = pygame.Rect(0, 0, 0, 0)
10          # 加载障碍物图片
11          self.missile = pygame.image.load("image/missile.png").convert_alpha()
12          self.pipe = pygame.image.load("image/pipe.png").convert_alpha()
13          # 加载分数图片
14          self.numbers = (pygame.image.load('image/0.png').convert_alpha(),
15                          pygame.image.load('image/1.png').convert_alpha(),
16                          pygame.image.load('image/2.png').convert_alpha(),
17                          pygame.image.load('image/3.png').convert_alpha(),
18                          pygame.image.load('image/4.png').convert_alpha(),
19                          pygame.image.load('image/5.png').convert_alpha(),
20                          pygame.image.load('image/6.png').convert_alpha(),
```

```
21                    pygame.image.load('image/7.png').convert_alpha(),
22                    pygame.image.load('image/8.png').convert_alpha(),
23                    pygame.image.load('image/9.png').convert_alpha())
24         # 加载加分音效
25         self.score_audio = pygame.mixer.Sound('audio/score.wav')   # 加分
26         # 0或1随机数
27         r = random.randint(0, 1)
28         if r == 0:    # 如果随机数为0,显示导弹障碍物;否则显示管道
29             self.image = self.missile      # 显示导弹障碍
30             self.move = 15                 # 移动速度加快
31             self.obstacle_y = 100          # 导弹坐标在天上
32         else:
33             self.image = self.pipe         # 显示管道障碍
34         # 根据障碍物位图的宽高来设置矩形
35         self.rect.size = self.image.get_size()
36         # 获取位图宽高
37         self.width, self.height = self.rect.size
38         # 障碍物绘制坐标
39         self.x = 800
40         self.y = self.obstacle_y
41         self.rect.center = (self.x, self.y)
```

② 在Obstacle类中首先创建obstacle_move()方法用于实现障碍物的移动,然后创建draw_obstacle()方法用于实现绘制障碍物,代码如下:

```
01  # 障碍物移动
02  def obstacle_move(self):
03      self.rect.x -= self.move
04  # 绘制障碍物
05  def draw_obstacle(self):
06      SCREEN.blit(self.image, (self.rect.x, self.rect.y))
```

③ 在mainGame()方法中创建玛丽对象的代码下面,定义添加障碍物的时间与障碍物对象列表,代码如下:

```
01  addObstacleTimer = 0    # 添加障碍物的时间
02  list = []    # 障碍物对象列表
```

④ 在mainGame()方法中绘制玛丽的代码下面,计算障碍物出现的间隔时间,代码如下:

```
01  # 计算障碍物间隔时间
02  if addObstacleTimer >= 1300:
03      r = random.randint(0, 100)
```

```
04        if r > 40:
05            # 创建障碍物对象
06            obstacle = Obstacle()
07            # 将障碍物对象添加到列表中
08            list.append(obstacle)
09    # 重置添加障碍物时间
10    addObstacleTimer = 0
```

⑤ 在mainGame()方法中计算障碍物间隔时间代码的下面，循环遍历障碍物并进行障碍物的绘制，代码如下：

```
01  # 循环遍历障碍物
02  for i in range(len(list)):
03      # 障碍物移动
04      list[i].obstacle_move()
05      # 绘制障碍物
06      list[i].draw_obstacle()
```

⑥ 在mainGame()方法中更新整个窗体代码的上面，增加障碍物时间，代码如下：

```
07  addObstacleTimer += 20    # 增加障碍物时间
```

障碍物出现的运行效果如图11.13所示。

图11.13　障碍物的出现

11.4.6　背景音乐的播放与停止

在实现背景音乐的播放与停止时，需要在窗体中设置一个按钮，然后单击按钮实现背景音乐的播放与停止功能。

实现背景音乐播放与停止的具体实现步骤如下：

① 创建Music_Button类，在该类中首先初始化背景音乐的音效文件与按钮图片，然后创建is_select()方法用于判断鼠标是否在按钮范围内。代码如下：

```
01  # 背景音乐按钮
02  class Music_Button():
03      is_open = True       # 背景音乐的标记
04      def __init__(self):
05          self.open_img = pygame.image.load('image/btn_open.png'). \
                convert_alpha()
06          self.close_img = pygame.image.load('image/btn_close.png'). \
                convert_alpha()
07          self.bg_music = pygame.mixer.Sound('audio/bg_music.wav')
            # 加载背景音乐
08      # 获取鼠标坐标及按钮图片的大小并判断鼠标是否在按钮的范围内
09      def is_select(self):
10          # 获取鼠标的坐标
11          point_x, point_y = pygame.mouse.get_pos()
12          w, h = self.open_img.get_size()          # 获取按钮图片的大小
13          # 判断鼠标是否在按钮范围内
14          in_x = point_x > 20 and point_x < 20 + w
15          in_y = point_y > 20 and point_y < 20 + h
16          return in_x and in_y
```

② 在mainGame()方法中障碍物对象列表代码的下面，创建背景音乐按钮对象，然后设置按钮默认图片，最后循环播放背景音乐。代码如下：

```
01  music_button = Music_Button()        # 创建背景音乐按钮对象
02  btn_img = music_button.open_img      # 设置背景音乐按钮的默认图片
03  music_button.bg_music.play(-1)       # 循环播放背景音乐
```

③ 在mainGame()方法的while循环中，在获取单击事件代码的下面实现单击按钮控制背景音乐的播放与停止功能。代码如下：

```
01  if event.type == pygame.MOUSEBUTTONUP:   # 判断鼠标事件
02      if music_button.is_select():         # 判断鼠标是否在静音按钮范围内
03          if music_button.is_open:         # 判断背景音乐状态
04              btn_img = music_button.close_img  # 单击后显示关闭状态的图片
05              music_button.is_open = False      # 关闭背景音乐状态
06              music_button.bg_music.stop()      # 停止背景音乐的播放
07          else:
08              btn_img = music_button.open_img
09              music_button.is_open = True
10              music_button.bg_music.play(-1)
```

④ 在mainGame()方法中添加障碍物时间代码的下面，绘制背景音乐按钮。代码如下：

```
11  SCREEN.blit(btn_img, (20, 20))  # 绘制背景音乐按钮
```

背景音乐播放时，控制按钮的运行效果如图11.14所示。背景音乐停止时，控制按钮的运行效果如图11.15所示。

图11.14　播放背景音乐

图11.15　停止背景音乐

11.4.7　碰撞和积分的实现

在实现碰撞与积分时，首先需要判断玛丽与障碍物的两个矩形图片是否发生了碰撞，如果发生了碰撞就证明该游戏已经结束，否则判断玛丽是否越过了障碍物，确认越过后进行加分操作并将分数显示在窗体顶部右侧的位置。

实现碰撞和积分功能的具体步骤如下：

① 在Obstacle类中，在draw_obstacle()方法的下面创建getScore()方法，用于获取分数并播放加分音效，然后创建showScore()方法，用于在窗体顶部右侧的位置显示分数，代码如下：

```
01  # 获取分数
02  def getScore(self):
03      self.score
04      tmp = self.score;
05      if tmp == 1:
06          self.score_audio.play()    # 播放加分音乐
07      self.score = 0;
08      return tmp;
09
10  # 显示分数
11  def showScore(self, score):
12      # 获取得分数字
13      self.scoreDigits = [int(x) for x in list(str(score))]
14      totalWidth = 0  # 要显示的所有数字的总宽度
15      for digit in self.scoreDigits:
16          # 获取积分图片的宽度
```

```
17          totalWidth += self.numbers[digit].get_width()
18      # 分数横向位置
19      Xoffset = (SCREENWIDTH - (totalWidth+30))
20      for digit in self.scoreDigits:
21          # 绘制分数
22          SCREEN.blit(self.numbers[digit], (Xoffset, SCREENHEIGHT * 0.1))
23          # 随着数字增加改变位置
24          Xoffset += self.numbers[digit].get_width()
```

② 在mainGame()方法的上面最外层创建game_over()方法,在该方法中首先需要加载与播放撞击的音效,然后获取窗体的宽度与高度,最后加载游戏结束的图片并将该图片显示在窗体的中间位置,代码如下:

```
01  # 游戏结束的方法
02  def game_over():
03      bump_audio = pygame.mixer.Sound('audio/bump.wav')   # 撞击
04      bump_audio.play()   # 播放撞击音效
05      # 获取窗体宽、高
06      screen_w = pygame.display.Info().current_w
07      screen_h = pygame.display.Info().current_h
08      # 加载游戏结束的图片
09      over_img = pygame.image.load('image/gameover.png').convert_alpha()
10      # 将游戏结束的图片绘制在窗体的中间位置
11      SCREEN.blit(over_img, ((screen_w - over_img.get_width()) / 2,
12                             (screen_h - over_img.get_height()) /2))
```

③ 在mainGame()方法中,在绘制障碍物代码的下面判断玛丽与障碍物是否发生碰撞。如果发生了碰撞,就开启游戏结束的开关,并调用游戏结束的方法显示游戏结束的图片,否则判断玛丽是否越过了障碍物,越过就进行分数的增加并显示当前得分。代码如下:

```
01  # 判断玛丽与障碍物是否碰撞
02  if pygame.sprite.collide_rect(marie, list[i]):
03      over = True   # 碰撞后开启结束开关
04      game_over()   # 调用游戏结束的方法
05      music_button.bg_music.stop()
06  else:
07      # 判断玛丽是否越过了障碍物
08      if (list[i].rect.x + list[i].rect.width) < marie.rect.x:
09          score += list[i].getScore()   # 加分
10  # 显示分数
11  list[i].showScore(score)
```

④ 为了实现游戏结束后再次按下空格键时，重新启动游戏，所以需要在 mainGame() 方法中开启玛丽跳的状态代码的下面，判断游戏结束的开关是否开启，如果开启将重新调用 mainGame() 方法启动游戏，代码如下：

```
01  if over == True:      # 判断游戏结束的开关是否开启
02      mainGame()        # 如果开启将调用mainGame()方法重新启动游戏
```

碰撞与积分的运行效果如图 11.16 所示。

图 11.16　碰撞与积分

第12章

推箱子游戏

——pygame+copy+按键事件监听+栈操作实现

推箱子游戏是一个经典的桌面游戏,可以锻炼人的逻辑思维能力。其玩法非常简单,要求在一个狭小的仓库中,把木箱放到指定的位置。因为一不小心就会出现箱子无法移动或者通道被堵塞的情况,所以需要巧妙地利用有限的空间和通道,合理安排移动的次序和位置,才能顺利地完成任务。本章将使用Pygame模块设计一个推箱子游戏。

本章知识架构如下:

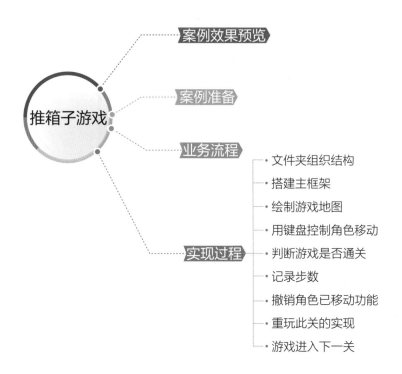

12.1 案例效果预览

推箱子游戏主要具备以下功能：
- ☑ 不同关卡游戏地图的动态绘制；
- ☑ 在通道内玩家可自由移动；
- ☑ 玩家可通过推动箱子来向前移动；
- ☑ 可记录玩家移动步数；
- ☑ 可重置本关卡重新开始游戏；
- ☑ 可最多连续撤销玩家之前移动的5步；
- ☑ 多关卡冲关模式。

推箱子游戏的游戏窗体效果如图12.1所示。
提示玩家关卡通关的窗体效果如图12.2所示。

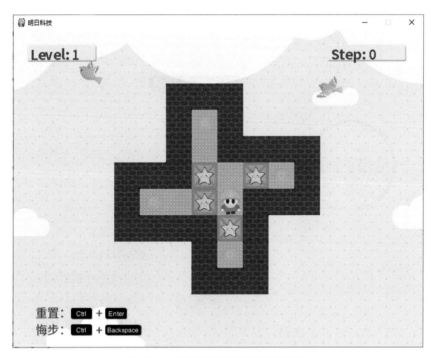

图 12.1 游戏初始页面运行效果图

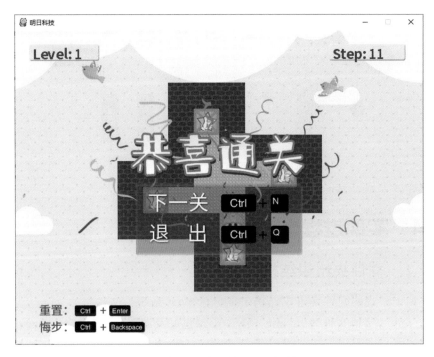

图 12.2　提示玩家通关页面运行效果图

12.2　案例准备

本程序的开发及运行环境如下：

☑ 操作系统：Windows 7、Windows 8、Windows 10 等。

☑ 开发语言：Python。

☑ 开发工具：PyCharm。

☑ Python 内置模块：sys、time、random、copy。

☑ 第三方模块：Pygame。

12.3　业务流程

根据推箱子游戏的主要功能设计出如图 12.3 所示的系统业务流程图。

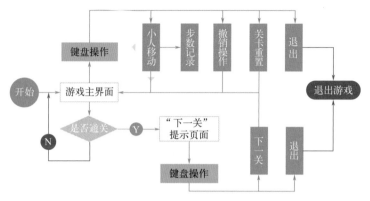

图 12.3　业务流程图

12.4　实现过程

12.4.1　文件夹组织结构

推箱子游戏的文件夹组织结构主要分为 bin（系统主文件包）、core（业务逻辑包）、font（字体文件包）、img（图片资源包）及游戏启动文件 manage.py，详细结构如图 12.4 所示。

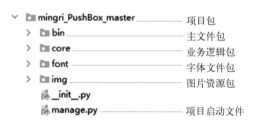

图 12.4　项目文件结构

12.4.2　搭建主框架

根据开发项目时所遵循的最基本代码目录结构，以及 Pygame 的最小框架代码，我们先搭建推箱子游戏的项目主框架，具体操作步骤如下：

① 根据如图 12.4 所示的文件夹组织结构图在项目目录下依次创建 bin、font、img、core 四个 Python Package。

② 在 bin 包中创建一个名为 main.py 的文件，作为整个项目的主文件，在该文件中创建一个名为 main() 的主函数，在这里只需调用封装游戏逻辑代码的不同接口，整合游戏中各个功能，最终实现该游戏的成功运行。在 main.py 文件中粘贴 Pygame 最小开发框架代码，具体代码如下：

```python
01  import sys
02  # 导入pygame 及常量库
03  import pygame
04  from pygame.locals import *
05
06
07  # 主函数
08  def main():
09
10      # 标题
11      title = "明日科技"
12      # 屏幕尺寸（宽，高）
13      __screen_size = WIDTH, HEIGHT =800, 600
14      # 颜色定义
15      bg_color = (54, 59, 64)
16      # 帧率大小
17      FPS = 60
18
19      # 初始化
20      pygame.init()
21      # 创建游戏窗口
22      screen = pygame.display.set_mode(__screen_size)
23      # 设置窗口标题
24      pygame.display.set_caption(title)
25      # 创建管理时间对象
26      clock = pygame.time.Clock()
27      # 创建字体对象
28      font = pygame.font.Font("font/SourceHanSansSC-Bold.otf", 26)
29
30      # 程序运行主体死循环
31      while 1:
32          # 1.清屏(窗口纯背景色画纸的绘制)
33          screen.fill(bg_color)   # 先准备一块深灰色布
34          # 2.绘制
35
36          for event in pygame.event.get():   # 事件索取
37              if event.type == QUIT:         # 判断点击窗口右上角"X"
38                  pygame.quit()              # 还原设备
39                  sys.exit()                 # 程序退出
40
41          # 3.刷新
42          pygame.display.update()
43          clock.tick(FPS)
```

③ 在项目根目录下创建一个名为manage.py的文件，作为推箱子游戏的启动文件。manage.py文件完整代码具体如下：

```
01  __auther__ = "SuoSuo"
02  __version__ = "master_v1"
03
04  from bin.main import main
05
06  if __name__ == '__main__':
07      main()
```

④ 在core包下创建一个名为handler.py的文件，用于存储整个游戏的主要逻辑代码。在handler.py文件中创建一个名为Element的类，作为在游戏所有页面中绘制图片的精灵，Element类实现代码如下：

```
01  class Element(pygame.sprite.Sprite):
02      """ 游戏页面图片精灵类 """
03
04      bg = "img/bg.png"
05      blank = "img/blank.png"              # 0
06      block = "img/block.png"              # 1
07      box = "img/box.png"                  # 2
08      goal = "img/goal.png"                # 4
09      box_coss = "img/box_coss.png"        # 6
10      # 3, 5
11      per_up, up_g = "img/up.png", "img/up_g.png"
12      per_right, right_g = "img/right.png", "img/right_g.png"
13      per_bottom, bottom_g = "img/bottom.png", "img/bottom_g.png"
14      per_left, left_g = "img/left.png", "img/left_g.png"
15      good = "img/good.png"
16
17      frame_ele = [blank, block, box, [per_up, per_right, per_bottom,
                    per_left], \
18                   goal, [up_g, right_g, bottom_g, left_g], box_coss]
19
20      def __init__(self, path, position):
21          super(Element, self).__init__()
22          self.image = pygame.image.load(path).convert_alpha()
23          self.rect = self.image.get_rect()
24          self.mask = pygame.mask.from_surface(self.image)
25          self.rect.topleft = position
26
27      # 绘制函数
28      def draw(self, screen):
```

```
29          """ 绘制函数 """
30          screen.blit(self.image, self.rect)
```

说明：上面代码中的第11行定义了两个变量，分别表示角色处于通道时的向上移动图和角色处于目的地时的向上移动图。第12、13、14行代码同理。

12.4.3 绘制游戏地图

推箱子游戏的游戏地图是在一个以二维列表存储的8×8的矩阵区域中绘制的，如图12.5所示。

图12.5中的灰色区域为Pygame游戏窗口，处于窗口中心的蓝色矩阵区域为所要绘制的游戏地图。矩阵中方格的不同状态值代表了所要绘制的不同的小图片，其中，0代表通道，1代表墙，2代表箱子，3代表角色（4个方向4张小图片），4代表目的地，5代表角色处于目的地（4个方向4张小图片），6代表箱子处于目的地，9代表空白。

另外，推箱子游戏中有多个关卡，因此使用一个字典来保存每一关的二维列表矩阵数据，其中，键代表关卡等级，值为此关的一个二维列表矩阵数据。具体代码如下：

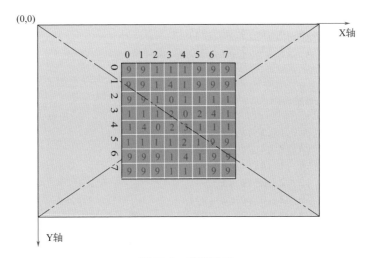

图12.5 游戏地图

```
01  # 关卡字典
02  point = {
03      1 :[
04          [9 ,9 ,1 ,1 ,1 ,9 ,9 ,9],
05          [9 ,9 ,1 ,4 ,1 ,9 ,9 ,9],
06          [9 ,9 ,1 ,0 ,1 ,1 ,1 ,1],
07          [1 ,1 ,1 ,2 ,0 ,2 ,4 ,1],
08          [1 ,4 ,0 ,2 ,3 ,1 ,1 ,1],
```

```
09          [1 ,1 ,1 ,1 ,2 ,1 ,9 ,9],
10          [9 ,9 ,9 ,1 ,4 ,1 ,9 ,9],
11          [9 ,9 ,9 ,1 ,1 ,1 ,9 ,9]
12      ],
13      2: [
14          [9, 9, 1, 1, 1, 1, 9, 9],
15          [9, 9, 1, 4, 4, 1, 9, 9],
16          [9, 1, 1, 0, 4, 1, 1, 9],
17          [9, 1, 0, 0, 2, 4, 1, 9],
18          [1, 1, 0, 2, 3, 0, 1, 1],
19          [1, 0, 0, 1, 2, 2, 0, 1],
20          [1, 0, 0, 0, 0, 0, 0, 1],
21          [1, 1, 1, 1, 1, 1, 1, 1]
22      ],
23      3 :[
24          [9 ,9 ,1 ,1 ,1 ,1 ,9 ,9],
25          [9 ,1 ,1 ,0 ,0 ,1 ,9 ,9],
26          [9 ,1 ,3 ,2 ,0 ,1 ,9 ,9],
27          [9 ,1 ,1 ,2 ,0 ,1 ,1 ,9],
28          [9 ,1 ,1 ,0 ,2 ,0 ,1 ,9],
29          [9 ,1 ,4 ,2 ,0 ,0 ,1 ,9],
30          [9 ,1 ,4 ,4 ,6 ,4 ,1 ,9],
31          [9 ,1 ,1 ,1 ,1 ,1 ,1 ,9]
32
33      ],
34      # 此处关卡省略
35      8 :[
36          [1 ,1 ,1 ,1 ,1 ,1 ,1 ,9],
37          [1 ,4 ,4 ,2 ,4 ,4 ,1 ,9],
38          [1 ,4 ,4 ,1 ,4 ,4 ,1 ,9],
39          [1 ,0 ,2 ,2 ,2 ,0 ,1 ,9],
40          [1 ,0 ,0 ,2 ,0 ,0 ,1 ,9],
41          [1 ,0 ,2 ,2 ,2 ,0 ,1 ,9],
42          [1 ,0 ,0 ,1 ,3 ,0 ,1 ,9],
43          [1 ,1 ,1 ,1 ,1 ,1 ,1 ,9]
44
45
46      ],
47      9 :[
48          [1 ,1 ,1 ,1 ,1 ,1 ,9 ,9],
49          [1 ,0 ,0 ,0 ,0 ,1 ,9 ,9],
50          [1 ,0 ,4 ,6 ,0 ,1 ,1 ,1],
51          [1 ,0 ,4 ,2 ,4 ,2 ,0 ,1],
52          [1 ,1 ,0 ,2 ,0 ,0 ,0 ,1],
53          [9 ,1 ,1 ,1 ,1 ,0 ,3 ,1],
```

```
54        [9 ,9 ,9 ,9 ,1 ,1 ,1 ,1],
55        [9 ,9 ,9 ,9 ,9 ,9 ,9 ,9]
56    ],
57    10 :[
58        [9 ,9 ,1 ,1 ,1 ,1 ,1 ,9 ,9],
59        [9 ,1 ,1 ,0 ,3 ,0 ,1 ,1 ,9],
60        [9 ,1 ,0 ,0 ,6 ,2 ,0 ,1 ,9],
61        [9 ,1 ,2 ,0 ,4 ,0 ,2 ,1 ,9],
62        [9 ,1 ,4 ,4 ,1 ,4 ,4 ,1 ,9],
63        [1 ,1 ,2 ,0 ,6 ,0 ,0 ,1 ,1],
64        [1 ,0 ,2 ,0 ,1 ,0 ,2 ,0 ,1],
65        [1 ,0 ,0 ,0 ,1 ,0 ,0 ,0 ,1],
66        [1 ,1 ,1 ,1 ,1 ,1 ,1 ,1 ,1]
67    ],
68    # 此处关卡省略
69 }
```

实际上每一关不一定都必须为8×8的矩阵，也可以为9×9、10×10等，只需要分别计算出当前关卡矩阵处于窗口中心时与窗口(0,0)坐标位置时的X方向偏移量和Y方向偏移量，如图12.6所示。

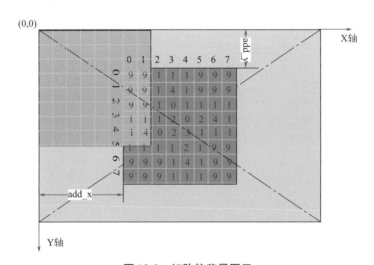

图12.6 矩阵偏移量图示

图12.6中，add_x为X方向偏移量，add_y为Y方向偏移量。

绘制游戏地图的具体实现步骤如下：

① 在core包中创建一个名为level.py的文件，此类作为游戏关卡管理类，用于维护关卡矩阵中所有图片对于不同游戏操作的具体执行逻辑。level.py文件代码如下：

```
01 import copy
02
```

```
03  # 关卡
04  class Level:
05      """ 关卡管理类 """
06  
07      # 关卡字典
08      point = {
09          # 此处代码省略
10      }
11      # 矩阵元素
12      CHAN, WALL, BOX, PERSON, GOAL, HOME, REPO = 0,1,2,3,4,5,6
13      # 键盘方向键
14      UP, RIGHT, BOTTOM, LEFT = 1, 2, 3, 4
15  
16      def __init__(self, screen):
17          self.game_level = 1                          # 当前关卡等级
18          # 当前关卡矩阵
19          self.frame = copy.deepcopy(self.point[self.game_level])
20          self.screen = screen          # 窗口Surface对象
21          self.hero_dir = 2             # 玩家移动的方向索引
22  
23      @property
24      def level(self):
25          return self.game_level
26  
27      @level.setter
28      def level(self, lev):
29          self.game_level = lev
30          self.frame = copy.deepcopy(self.point[self.game_level])
31  
32      # 获取玩家位置
33      @property
34      def person_posi(self):
35          """ 获取玩家位置 """
36          for row, li in enumerate(self.frame):
37              for col, val in enumerate(li):
38                  if val in [3, 5]:
39                      return (row, col)
```

② 在core/handler.py文件中创建一个名为Manager的类，该类为游戏全局页面管理类，用于进行页面的绘制、事件的监听，以及一些其他的游戏功能代码逻辑。handler.py文件代码如下：

```
01  import copy
02  import sys
```

```python
03
04  import pygame
05  from pygame.locals import *
06
07
08  class Manager:
09      """ 游戏管理类 """
10
11      def __init__(self, screen_size, lev_obj, font):
12          self.size = screen_size                              # 窗口尺寸
13          self.screen = pygame.display.set_mode(screen_size)
14          self.center = self.screen.get_rect().center          # 窗口中心点坐标
15          self.font = font                                     # pygame 字体对象
16          self.game_level = 1                                  # 游戏初始关卡等级
17          self.lev_obj = lev_obj                               # 关卡对象
18          self.frame = self.lev_obj.frame                      # 矩阵元素列表
19          self.row_num = len(self.frame)                       # 矩阵行数
20          self.col_num = len(self.frame[1])                    # 矩阵列数
21          self.frame_ele_len = 50                              # 矩阵元素边长
22
23      # 游戏页面绘制初始化
24      def init_page(self):
25          """ 游戏页面绘制初始化 """
26          Element(Element.bg, (0, 0)).draw(self.screen) # 绘制背景图片
27          for row, li in enumerate(self.frame):
28              for col, val in enumerate(li):
29                  if val == 9:
30                      continue
31                  elif val in [3, 5]:
32                      Element(Element.frame_ele[val][self.lev_obj.hero_dir],
33                              self.cell_xy(row, col)).draw(self.screen)
34                  else:
35                      Element(Element.frame_ele[val], self.cell_xy(row, col)).\
36                              draw(self.screen)
37
38      # 矩阵转坐标
39      def cell_xy(self, row, col):
40          """ 矩阵转坐标 """
41          add_x = self.center[0] - self.col_num // 2 * self.frame_ele_len
42          add_y = self.center[1] - self.row_num // 2 * self.frame_ele_len
43          return (col * self.frame_ele_len + add_x,
44                  row * self.frame_ele_len + add_y)
45
```

```
43        # 坐标转矩阵
44        def xy_cell(self, x, y):
45            """ 坐标转矩阵 """
46            add_x = self.center[0] - self.col_num // 2 * self.frame_ele_len
47            add_y = self.center[1] - self.row_num // 2 * self.frame_ele_len
48            return (x - add_x / self.frame_ele_len,
                    y - add_y / self.frame_ele_len)
```

③ 在 bin/main.py 文件中的 main() 游戏主函数中实例化上面创建的两个类，并根据实际需求调用其中的接口。main() 函数修改后的代码如下（加底色的代码为新增代码）：

```
01  import sys
02  # 导入 pygame 及常量库
03  import pygame
04  from pygame.locals import *
05
06  from core.level02 import Level
07  from core.handler02 import Manager
08
09
10  # 主函数
11  def main():
12
13      # 标题
14      title = "明日科技"
15      # 屏幕尺寸（宽，高）
16      __screen_size = WIDTH, HEIGHT = 800, 600
17      # 颜色定义
18      bg_color = (54, 59, 64)
19      # 帧率
20      FPS = 60
21
22      # 初始化
23      pygame.init()
24      # 创建游戏窗口
25      screen = pygame.display.set_mode(__screen_size)
26      # 设置窗口标题
27      pygame.display.set_caption(title)
28      # 创建管理时间对象
29      clock = pygame.time.Clock()
30      # 创建字体对象
31      font = pygame.font.Font("font/SourceHanSansSC-Bold.otf", 26)
```

```
32
33      # 实例化游戏模块对象
34      lev = Level(screen)
35      manager = Manager(__screen_size, lev, font)
36
37      # 程序运行主体死循环
38      while 1:
39          # 1. 清屏(窗口纯背景色画纸的绘制)
40          screen.fill(bg_color)      # 先准备一块深灰色布
41          # 2. 绘制
42          manager.init_page()
43
44          for event in pygame.event.get():    # 事件索取
45              if event.type == QUIT:    # 判断点击窗口右上角"X"
46                  pygame.quit()         # 还原设备
47                  sys.exit()            # 程序退出
48
49          # 3.刷新
50          pygame.display.update()
51          clock.tick(FPS)
```

运行游戏启动文件manage.py，效果如图12.7所示。

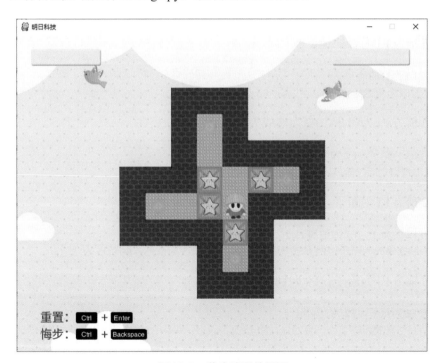

图12.7　游戏地图效果图

12.4.4 用键盘控制角色移动

用键盘控制角色移动是推箱子游戏中的重点和难点,其本质是监听玩家敲击方向键时所产生的键盘事件,然后根据角色移动方向更新游戏矩阵地图中小方格的状态值。由于角色在移动时会遭遇多种情况,而且4个方向原理类似,因此只需要研究一个方向会遇到哪些情况,并归纳出所有的规则和对应的算法,其他3个方向就可以很方便地去实现了。

图12.8 角色假设移动图示

假设玩家敲击左键,角色移动方向向左,如图12.8所示。其中,F1、F2分别代表了角色左前方的两个小方格,F0代表角色状态。

通过分析图12.8中F1、F2分别可能代表的状态,可知有如下几种情况:

☑ 前方F1为墙或为边界。

```
if 前方F1为墙或为边界:
    退出规则判断,矩阵不做任何改变
```

☑ 前方F1为通道。

```
if 前方F1为通道:
    角色进入到F1方格,F0变为通道
```

☑ 前方F1为目的地。

```
if 前方F1为目的地:
    F1修改为角色处于目的地状态,F0变为通道
```

☑ 前方F1为箱子,F2为墙或为边界。

```
if 前方F1为箱子,F2为墙或为边界:
    退出规则判断,矩阵不做任何改变
```

☑ 前方F1为箱子,F2为通道。

```
if 前方F1为箱子,F2为通道:
    先将F2修改为箱子,F1修改为通道;再将F1修改为角色,F0修改为通道
```

☑ 前方F1为箱子,F2为目的地。

```
if 前方F1为箱子,F2为目的地:
    先将F2修改为箱子处于目的地,F1修改为通道;再将F1修改为角色,F0修改为通道
```

☑ 前方F1为箱子处于目的地,F2为墙或为边界。

```
if 前方F1为箱子处于目的地，F2为墙或为边界:
    退出规则判断，矩阵不做任何改变
```

☑ 前方F1为箱子处于目的地，F2为通道。

```
if 前方F1为箱子处于目的地，F2为通道:
    先将F2修改为箱子，F1修改为目的地；再将F1修改为角色处于目的地，F0修改为通道
```

☑ 前方F1为箱子处于目的地，F2为目的地。

```
if 前方F1为箱子处于目的地，F2为目的地:
    先将F2修改为箱子处于目的地，F1修改为目的地；再将F1修改为角色处于目的地，F0
修改为通道
```

通过上面的分析，在推箱子游戏中实现角色移动功能的实现步骤如下：

① 在core/level.py文件的Level类中定义一个名为get_before_val()的方法，用于返回任意一个小方格在某一个方向之前的小方格的状态值，参数为一个方向值常量、小方格的位置（矩阵索引为一个二元二组）。get_before_val()方法实现代码如下：

```
01  # 获取某一元素对应方向之前的元素的值
02  def get_before_val(self, direction, posi = None):
03      """ 获取某一元素对应方向之前的元素的值 """
04      if not posi:
05          posi = self.person_posi
06      if direction == self.UP:          # 上
07          if posi[0] >= 1:
08              return self.frame[posi[0] - 1][posi[1]]
09      elif direction == self.RIGHT:    # 右
10          if posi[1] < len(self.frame[posi[0]]):
11              return self.frame[posi[0]][posi[1] + 1]
12      elif direction == self.BOTTOM:   # 下
13          if posi[0] < len(self.frame):
14              return self.frame[posi[0] + 1][posi[1]]
15      elif direction == self.LEFT:     # 左
16          if posi[1] >= 1:
17              return self.frame[posi[0]][posi[1] - 1]
18      return None
```

② 在Level类中定义一个名为set_before_val()的方法，用来对任意一个小方格在某一个方向之前的状态进行赋值，参数为一个方向常量值和小方格的位置。set_before_val()方法实现代码如下：

```
01  # 对某一元素对应方向之前的元素赋值
02  def set_before_val(self, direction, posi):
03      """ 对某一元素对应方向之前的元素赋值 """
04      now = self.frame[posi[0]][posi[1]]               # 当前值
05      before = self.get_before_val(direction, posi)    # 前一个方格的值
06      before_val = None
07      if before == self.GOAL and now == self.PERSON:   # 人进目的地
08          before_val = self.HOME
09      elif before == self.GOAL and now == self.BOX:    # 箱子进目的地
10          before_val = self.REPO
11      elif now == self.HOME:                           # 人出目的地
12          if before == self.GOAL:                      # 又进目的地
13              before_val = self.HOME
14          else:
15              before_val = self.PERSON
16      elif now == self.REPO:                           # 箱子出目的地
17          if before == self.GOAL:                      # 又进目的地
18              before_val = self.REPO
19          else:
20              before_val = self.BOX
21      else:
22          before_val = now
23
24      if direction == self.UP:                         # 上
25          self.frame[posi[0] - 1][posi[1]] = before_val
26      elif direction == self.RIGHT:     # 右
27          self.frame[posi[0]][posi[1] + 1] = before_val
28      elif direction == self.BOTTOM:    # 下
29          self.frame[posi[0] + 1][posi[1]] = before_val
30      elif direction == self.LEFT:      # 左
31          self.frame[posi[0]][posi[1] - 1] = before_val
```

③ 在Level类中定义一个名为move_ele()的方法，实现在矩阵中将任意一个小方格状态移动到任意一个方向之前的小方格中，且根据不同情况对两个小方格的状态进行赋值，参数为一个方向常量值和要移动的小方格的位置。move_ele()方法实现代码如下：

```
01  # 移动矩阵元素
02  def move_ele(self, direction, posi = None):
03      """ 移动矩阵元素 """
04      if not posi:
05          posi = self.person_posi
06      now = self.frame[posi[0]][posi[1]] # 当前值
```

```
07      before = self.get_before_val(direction, posi)
08      # 对前一个位置赋值
09      self.set_before_val(direction, posi)
10      # 对原先的位置赋值
11      if now == self.HOME or now == self.REPO:  # 人出目的地和箱子出目的地
12          self.frame[posi[0]][posi[1]] = self.GOAL
13      elif before == self.GOAL:                            # 人进目的地
14          if now == self.HOME:                             # 从家进的
15              self.frame[posi[0]][posi[1]] = self.GOAL
16          else:
17              self.frame[posi[0]][posi[1]] = self.CHAN
18      elif before == self.GOAL:                            # 箱子进目的地
19          if now == self.REPO:                             # 从仓库进的
20              self.frame[posi[0]][posi[1]] = self.GOAL
21          else:
22              self.frame[posi[0]][posi[1]] = self.CHAN
23      else:
24          self.frame[posi[0]][posi[1]] = before            # 通道
```

④ 在Level类中定义一个名为operate()的方法，用来作为键盘操作角色的接口，该方法只有一个参数，表示角色的移动方向常量值。operate()方法实现代码如下：

```
01  # 矩阵操作维护
02  def operate(self, direction,):
03      """ 矩阵操作维护 """
04      self.hero_dir = direction - 1  # 改变玩家的方向
05      if direction == self.UP:           # 上
06          before = (self.person_posi[0] - 1, self.person_posi[1])
07      elif direction == self.RIGHT:      # 右
08          before = (self.person_posi[0], self.person_posi[1] + 1)
09      elif direction == self.BOTTOM:     # 下
10          before = (self.person_posi[0] + 1, self.person_posi[1])
11      elif direction == self.LEFT:       # 左
12          before = (self.person_posi[0], self.person_posi[1] - 1)
13      # 开始判断然后相应移动
14      if self.get_before_val(direction) == self.WALL:      # 墙
15          pass
16      elif self.get_before_val(direction) == self.CHAN:    # 通道
17          self.move_ele(direction)
18      elif self.get_before_val(direction) == self.GOAL:    # 目的地
19          self.move_ele(direction)
20      elif self.get_before_val(direction) in [self.BOX, self.REPO]:
```

```
                                                         # 箱子和仓库
21      if self.get_before_val(direction, before) == self.WALL:   # 墙
22          pass
23      elif self.get_before_val(direction, before) == self.CHAN:# 通道
24          self.move_ele(direction, before)
25          self.move_ele(direction)
26      elif self.get_before_val(direction, before) == self.GOAL:  # 目的地
27          self.move_ele(direction, before)
28          self.move_ele(direction)
```

⑤ 在core/handler.py文件中的Manager类中定义一个名为listen_event()的方法，用于监听玩家产生的键盘事件。该方法中，根据不同的移动方向调用Level类中的operate()方法，实现对角色移动后的关卡矩阵数据的实时更新。listen_event()方法实现代码如下：

```
01  # 事件监听
02  def listen_event(self, event):
03      """ 事件监听 """
04      if event.type == KEYDOWN:
05          if event.key == K_ESCAPE:
06              sys.exit()
07          """ {上：1，右：2，下：3，左：4 } """
08          if event.key in [K_UP, K_w, K_w - 62]:
09              self.lev_obj.operate(1)
10          if event.key in [K_RIGHT, K_d, K_d - 62]:
11              self.lev_obj.operate(2)
12          if event.key in [K_DOWN, K_s, K_s - 62]:
13              self.lev_obj.operate(3)
14          if event.key in [K_LEFT, K_a, K_a - 62]:
15              self.lev_obj.operate(4)
```

⑥ 在游戏主函数中的Pygame主逻辑循环中获取Pygame事件，并调用Manager类中的事件监听方法listen_event()。main()函数修改后的代码如下（加底色的代码为新增代码）：

```
01  # 主函数
02  def main():
03
04      # 标题
05      title = "明日科技"
06      # 屏幕尺寸（宽，高）
07      __screen_size = WIDTH, HEIGHT =800, 600
08      # 颜色定义
09      bg_color = (54, 59, 64)
```

```
10      # 帧率
11      FPS = 60
12
13      # 初始化
14      pygame.init()
15      # 创建游戏窗口
16      screen = pygame.display.set_mode(__screen_size)
17      # 设置窗口标题
18      pygame.display.set_caption(title)
19      # 创建管理时间对象
20      clock = pygame.time.Clock()
21      # 创建字体对象
22      font = pygame.font.Font("font/SourceHanSansSC-Bold.otf", 26)
23
24      # 实例化游戏模块对象
25      lev = Level(screen)
26      manager = Manager(__screen_size, lev, font)
27
28      # 程序运行主体死循环
29      while 1:
30          # 1.清屏(窗口纯背景色画纸的绘制)
31          screen.fill(bg_color)    # 先准备一块深灰色布
32          # 2.绘制
33          manager.init_page()
34
35          for event in pygame.event.get():   # 事件索取
36              if event.type == QUIT:    # 判断点击窗口右上角"X"
37                  pygame.quit()         # 还原设备
38                  sys.exit()            # 程序退出
39
40              # 监听游戏页面事件
41              manager.listen_event(event)
42
43          # 3.刷新
44          pygame.display.update()
45          clock.tick(FPS)
```

12.4.5 判断游戏是否通关

推箱子游戏中，每个关卡矩阵数据中的箱子与目的地的数量是一样的，因此玩家在通过游戏每一个关卡时，需要将所有箱子都推入目的地中，才能进入下一个关卡。由此可知，要检测关卡是否通关，只需要遍历该关卡矩阵中每一个小方格的状态值，只要存在有一个小方格的状态值为箱子，则可直接判定当前关卡未通关。这里将该功能实现逻辑封装在Level类的is_success()方法中，代码如下：

```
01  # 检查是否通关
02  def is_success(self):
03      """ 检测是否通关 """
04      for row, li in enumerate(self.frame):
05          for col, val in enumerate(li):
06              if val == 2:    # 存在箱子
07                  return False
08      return True
```

12.4.6　记录步数

要实现记录步数的功能，首先需要判断在玩家每一次敲击键盘方向键时，角色是否成功移动，如果在移动方向前方是墙或边界时，角色步数不变；而如果在移动方向前是通道或目的地时，角色会成功移动到前一个小方格中，并且将角色的步数加1。

实现记录角色步数功能的具体步骤如下：

① 分别在Level类中的__init__()构造方法和operate()方法中定义一个名为old_frame的实例变量，其初始值为关卡矩阵，用来记录角色在每次移动趋势之前的关卡矩阵二维列表数据，代码如下：

```
09  self.old_frame = copy.deepcopy(self.frame)    # 在移动之前记录关卡矩阵
```

② 在Level类中定义一个is_move()方法，用来判断角色是否移动成功，代码如下：

```
01  # 检测是否移动
02  def is_move(self):
03      """ 检测是否移动 """
04      if self.old_frame != self.frame:    # 比较值
05          return True
06      return False
```

③ 在Level类中的__init__()构造方法中定义一个名为step的实例变量，其初始值为零，该变量用来表示角色在本关卡的移动步数。代码如下：

```
07  self.step = 0                           # 玩家移动步数
```

④ 在Level类中定义一个add_step()方法，用于更新角色的移动步数，代码如下：

```
01  # 记录玩家移动步数
02  def add_step(self):
03      """ 记录玩家移动步数 """
04      if self.is_move():
05          self.step += 1
```

⑤ 在使角色移动的operate()方法中调用记录玩家移动步数的add_step()方法。

⑥ 将角色的移动步数和当前关卡的等级数实时绘制在游戏窗口中，以便向玩家实时展示游戏数据。在Manager类的init_page()方法中添加如下代码：

```
01  # 绘制游戏关卡等级
02  self.font = pygame.font.Font("font/SourceHanSansSC-Bold.otf", 26)
03  reset_font = self.font.render("Level: %d" % self.game_level, False, (0,
                                  88, 77))
04  self.screen.blit(reset_font, (35, 24))
05  # 绘制移动步数
06  step_font = self.font.render("Step: %d" % self.lev_obj.step, False, (0, 88, 77))
07  self.screen.blit(step_font, (615, 24))
```

12.4.7 撤销角色已移动功能

推箱子游戏的撤销角色已移动功能使用了栈的方法来实现。每当角色移动成功时，将此次移动之前的关卡矩阵二维列表数据进行压栈，而当要撤销时，就将关卡矩阵二维列表数据更换为栈中弹出的矩阵二维列表数据。另外，可以给栈设置一个大小，假设为5，表示此栈在当前关卡中最多可以保存玩家的连续5次移动所形成的矩阵数据。

在推箱子游戏中实现撤销角色已移动功能的步骤如下：

① 在core包中新建一个stack.py文件，用于存放自定义的撤销栈类，在stack.py文件中创建一个名为Stack的类，用来封装栈的各种操作。Stack类代码如下：

```
01  class Stack:
02      """ 自定义栈类 """
03      def __init__(self, limit=5):
04          self.stack = []        # 存放元素
05          self.limit = limit     # 栈容量极限
06
07      # 向栈推送元素
08      def push(self, data):
09          """ 向栈推送元素 """
10          # 判断栈是否溢出
```

```python
11          if len(self.stack) >= self.limit:
12              del self.stack[0]
13              self.stack.append(data)
14          else:
15              self.stack.append(data)
16
17      # 弹出栈顶元素
18      def pop(self):
19          """ 弹出栈顶元素 """
20          if self.stack:
21              return self.stack.pop()
22          # 空栈不能被弹出
23          else:
24              return None
25
26      # 查看堆栈的顶部的元素
27      def peek(self):
28          """ 查看堆栈的顶部的元素 """
29          if self.stack:
30              return self.stack[-1]
31
32      # 判断栈是否为空
33      def is_empty(self):    #
34          """ 判断栈是否为空 """
35          return not bool(self.stack)
36
37      # 判断栈是否满
38      def is_full(self):
39          """ 判断栈是否满 """
40          return len(self.stack) == 5
41
42      # 返回栈的元素数量
43      def size(self):
44          """ 返回栈的元素数量 """
45          return len(self.stack)
46
47      # 清空栈元素
48      def clear(self):
49          """ 清空栈元素 """
50          self.stack.clear()
```

② 在level.py文件头部使用from语句导入上面自定义的撤销栈类，代码如下：

```
51  from core.stack import Stack
```

③ 在Level类的__init__()构造方法中定义一个名为undo_stack的实例变量，使用自定义的Stack类对其进行实例化，代码如下：

```
52  self.undo_stack = Stack(5)      # 撤销栈类实例
```

④ 在Level类中定义一个record_frame()方法，用于封装每次角色移动成功时，对移动前的矩阵二维列表数据进行压栈的代码逻辑。record_frame()方法实现代码如下：

```
01  # 记录玩家移动前的矩阵
02  def record_frame(self):
03      """ 记录玩家移动前的矩阵 """
04      if self.is_move():
05          self.undo_stack.push(copy.deepcopy(self.old_frame))
```

⑤ 在使角色移动的operate()方法中调用record_frame()方法，使其自动进行矩阵数据压栈。

⑥ 在Manager类中创建一个undo_one_step()方法，用于封装每当触发撤销角色移动操作时，对当前矩阵数据重新赋值的代码逻辑。undo_one_step()方法实现代码如下：

```
01  # 撤销栈回退一步
02  def undo_one_step(self):
03      """ 撤销栈回退一步 """
04      frame = self.lev_obj.undo_stack.pop()
05      if frame:
06          self.lev_obj.frame[:] = copy.deepcopy(frame) # important
07          self.lev_obj.step -= 1
```

⑦ 当触发撤销操作时，调用Manager类中的undo_one_step()方法，由于本游戏设计的为按键触发，因此在Manager类的事件监听方法listen_event()中添加如下代码：

```
01  # 撤销回退一步
02  if event.key == K_BACKSPACE:
03      if event.mod in [KMOD_LCTRL, KMOD_RCTRL]:
04          self.undo_one_step()
```

12.4.8　重玩此关的实现

重玩此关实际上就是将关卡矩阵二维列表数据复位，并且将角色的移动步数和撤销栈清空，其具体实现步骤如下：

① 在Manager类中定义一个again_head()方法，用于封装当触发重玩操作时的具体逻辑代码。again_head()方法实现代码如下：

```
01  # 本关重置
02  def again_head(self):
03      """ 本关重置 """
04      self.lev_obj.frame[:] = copy.deepcopy(self.lev_obj.point
                                  [self.game_level])
05      self.lev_obj.step = 0    # 步数归零
06      self.lev_obj.undo_stack.clear()   # 清空撤销回退栈
```

② 当监听到触发动作时，调用again_head()方法实现重玩功能，由于该功能被设计为按键触发，因此在Manager类的事件监听方法listen_event()中添加如下代码：

```
01  # 本关卡重置，组合键(Ctrl + Enter)
02  if event.key == K_KP_ENTER or event.key == K_RETURN:
03      if event.mod in [KMOD_LCTRL, KMOD_RCTRL]:
04          self.again_head()
```

12.4.9 游戏进入下一关

实现游戏是否进入下一关功能时，首先需要判断当前关卡是否通关，其具体实现步骤如下：

① 在Manager类的__init__()构造方法中定义一个名为next_frame_switch的实例变量，表示游戏关卡晋级的开关，其初始值为布尔值False，代码如下：

```
05  self.next_frame_switch = False              # 下一关卡开关
```

② 在Manager类中定义一个next_reset()方法，用于封装当游戏通关时所要执行的逻辑代码，主要包括通关时用于提示玩家此关已成功通关的页面绘制及当玩家触发游戏进入下一关操作时的相关游戏属性的重置与更新，该方法有一个Pygame事件变量参数，默认为None。next_reset()方法实现代码如下：

```
01  # 下一关重置
02  def next_reset(self, event = None):
03      """ 游戏下一关数据重置 """
04      # 绘制下一关提示页面
05      if not event:
06          Element(Element.good, (0, 0)).draw(self.screen)
07      # 下一关页面事件监听
```

```
08          else:
09              if event.type == KEYDOWN:
10                  # 下一关，组合键(Ctrl + N)
11                  if event.key in [K_n, K_n - 62]:
12                      if event.mod in [KMOD_LCTRL, KMOD_RCTRL]:
13                          self.game_level += 1
14                          self.lev_obj.level = self.game_level
15                          self.frame = self.lev_obj.frame        # 矩阵元素列表
16                          self.next_frame_switch = False
17                          self.row_num = len(self.frame)          # 矩阵行数
18                          self.col_num = len(self.frame[1])       # 矩阵列数
19                          self.ori_frame = copy.deepcopy(self.frame)
                                                                    # 保存记录本关矩阵元素
20                          self.lev_obj.old_frame = copy.deepcopy(self.frame)
                                                                    # 在移动之前记录关卡矩阵
21                          self.font = pygame.font.Font("font/SourceHanSansSC-
                                Bold.otf", 30)
22                          self.lev_obj.step = 0                   # 步数归零
23                          self.lev_obj.undo_stack.clear()         # 清空撤销回退栈
24
25                  # 退出，组合键(Ctrl + Q)
26                  if event.key in [K_q, K_n - 62]:
27                      if event.mod in [KMOD_LCTRL, KMOD_RCTRL]:
28                          sys.exit()
```

③ 在Manager类的init_page()方法中更新游戏进入下一关的开关，并通过判断此开关确定是否需要绘制下一关页面，代码如下：

```
01 # 判断下一关页面是否绘制
02 self.next_frame_switch = self.lev_obj.is_success()
03 if self.next_frame_switch:
04     self.next_reset()
```

④ 在Manager类的事件监听方法listen_event()中判断游戏的下一关开关，当未通关时，监听游戏冲关页面的事件代码，否则，监听提示玩家进入下一关页面的事件代码。listen_event()方法修改后的代码如下（加底色的代码为新增代码）：

```
01 # 事件监听
02 def listen_event(self, event):
03     """ 事件监听 """
04     if not self.next_frame_switch:
05         if event.type == KEYDOWN:
06             if event.key == K_ESCAPE:
07                 sys.exit()
```

```
08                    """ { 上：1， 右：2， 下：3， 左：4 } """
09                    if event.key in [K_UP, K_w, K_w - 62]:
10                        self.lev_obj.operate(1)
11                    if event.key in [K_RIGHT, K_d, K_d - 62]:
12                        self.lev_obj.operate(2)
13                    if event.key in [K_DOWN, K_s, K_s - 62]:
14                        self.lev_obj.operate(3)
15                    if event.key in [K_LEFT, K_a, K_a - 62]:
16                        self.lev_obj.operate(4)
17                        print("manag frame = ", self.frame)
18
19                    if event.key in [K_z, K_z - 62]:
20                        if event.mod in [KMOD_LCTRL, KMOD_RCTRL]:
21                            print("level frame = ", self.lev_obj.frame)
22                            print("manag frame = ", self.frame)
23
24                    # 撤销回退一步
25                    if event.key == K_BACKSPACE:
26                        if event.mod in [KMOD_LCTRL, KMOD_RCTRL]:
27                            self.undo_one_step()
28
29                    # 本关卡重置，组合键(Ctrl + Enter)
30                    if event.key == K_KP_ENTER or event.key == K_RETURN:
31                        if event.mod in [KMOD_LCTRL, KMOD_RCTRL]:
32                            self.again_head()
33            else:
34                self.next_reset(event)
```

第13章

飞机大战

——pygame+sys+random+codecs实现

微信中的飞机大战游戏引爆全民狂欢，玩家点击并移动自己的大飞机，在躲避迎面而来的其他飞机时，大飞机可以通过发射炮弹打掉其他小飞机来赢取分数。一旦撞上其他飞机，游戏就结束。本案例将通过Pygame模拟实现一个飞机大战的游戏。

本章知识架构如下：

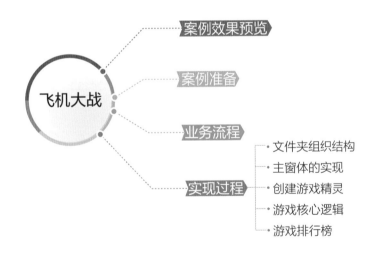

13.1 案例效果预览

本案例实现的飞机大战游戏主要有以下功能：
☑ 记录分数；
☑ 具有敌机被击中动画；

☑ 具有玩家飞机爆炸动画；
☑ 文件的写入读取。

飞机大战游戏运行效果如图13.1所示。玩家飞机与敌机发生碰撞，游戏结束，显示游戏得分以及排行榜按钮，游戏结束画面如图13.2所示。单击排行榜按钮，显示排行榜页面，效果如图13.3所示。

图13.1　游戏主页面　　　　图13.2　游戏结束画面　　　　图13.3　游戏排行榜画面

13.2　案例准备

本游戏的开发及运行环境如下：
☑ 操作系统：Windows 7、Windows 8、Windows 10等。
☑ 开发语言：Python。
☑ 开发工具：PyCharm。
☑ Python内置模块：sys、random、codecs。
☑ 第三方模块：Pygame。

13.3　业务流程

根据飞机大战游戏的主要功能设计出如图13.4所示的系统业务流程图。

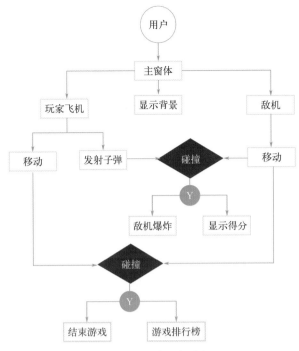

图 13.4　系统业务流程

13.4　实现过程

13.4.1　文件夹组织结构

飞机大战游戏的文件夹组织结构主要包括 resources（保存资源文件夹）、image（保存图片文件夹）、score.txt（保存排行榜分数文件）以及 main.py 程序主文件，详细结构如图 13.5 所示。

图 13.5　项目文件结构

13.4.2　主窗体的实现

主窗体实现步骤如下：

① 创建名称为 foo 的文件夹，该文件夹用于保存打飞机游戏的项目文件。然后在该文件夹中创建 resources 文件夹，用于保存项目资源，在 resources 文件夹中创建 image 文件，用于保存游戏中所使用的图片资源。最后在 foo 项目文件夹中创建 main.py 文件，在该文件中实现打飞机游戏代码。

② 导入 pygame 库与 pygame 中的常量库，然后定义窗体的宽度与高度，代码

如下：

```
35  import pygame              # 导入pygame库
36  from pygame.locals import *    # 导入pygame库中的一些常量
37  from sys import exit      # 导入sys库中的exit函数
38  import random
39  import codecs
40
41  # 设置游戏屏幕大小
42  SCREEN_WIDTH = 480
43  SCREEN_HEIGHT = 800
```

③ 接下来进行pygame的初始化工作，设置窗体的名称图标，再创建窗体实例并设置窗体的大小以及背景色，最后通过循环实现窗体的显示与刷新。代码如下：

```
01  # 初始化 pygame
02  pygame.init()
03  # 设置游戏界面大小
04  screen = pygame.display.set_mode((SCREEN_WIDTH, SCREEN_HEIGHT))
05  # 游戏界面标题
06  pygame.display.set_caption('彩图版飞机大战')
07  # 设置游戏界面图标
08  ic_launcher = pygame.image.load('resources/image/ic_launcher.png').\
    convert_alpha()
09  pygame.display.set_icon(ic_launcher)
10  # 背景图
11  background = pygame.image.load('resources/image/background.png').\
    convert_alpha()
12  def startGame():
13      # 游戏循环帧率设置
14      clock = pygame.time.Clock()
15      # 判断游戏循环退出的参数
16      running = True
17      # 游戏主循环
18      while running:
19          # 绘制背景
20          screen.fill(0)
21          screen.blit(background, (0, 0))
22          # 控制游戏最大帧率为 60
23          clock.tick(60)
24          # 更新屏幕
25          pygame.display.update()
26          # 处理游戏退出
```

```
27        for event in pygame.event.get():
28            if event.type == pygame.QUIT:
29                pygame.quit()
30                exit()
31  startGame()
```

主窗体的运行效果如图13.6所示。

图 13.6　主窗体运行效果

13.4.3　创建游戏精灵

飞机大战游戏中的元素包含玩家飞机、敌机及子弹，用户可以通过键盘移动玩家飞机在屏幕上的位置来打击不同位置的敌机。因此设计Player、Enemy 和Bullet 这3个类对应3种游戏精灵。对于 Player，需要的操作有射击和移动两种，移动又分为上、下、左、右 4 种情况。对于 Enemy，则比较简单，只需要移动即可，从屏幕上方出现并移动到屏幕下方。对于 Bullet，与飞机相同，仅需要以一定速度移动即可。代码如下：

```
01  # 子弹类
02  class Bullet(pygame.sprite.Sprite):
03      def __init__(self, bullet_img, init_pos):
```

```
04          # 调用父类的初始化方法初始化sprite的属性
05          pygame.sprite.Sprite.__init__(self)
06          self.image = bullet_img
07          self.rect = self.image.get_rect()
08          self.rect.midbottom = init_pos
09          self.speed = 10
10
11     def move(self):
12          self.rect.top -= self.speed
13
14 # 玩家飞机类
15 class Player(pygame.sprite.Sprite):
16     def __init__(self, player_rect, init_pos):
17          # 调用父类的初始化方法初始化sprite的属性
18          pygame.sprite.Sprite.__init__(self)
19          self.image = []   # 用来存储玩家飞机图片的列表
20          for i in range(len(player_rect)):
21               self.image.append(player_rect[i].convert_alpha())
22
23          self.rect = player_rect[0].get_rect()  # 初始化图片所在的矩形
24          self.rect.topleft = init_pos  # 初始化矩形的左上角坐标
25          self.speed = 8   # 初始化玩家飞机速度，这里是一个确定的值
26          self.bullets = pygame.sprite.Group()  # 玩家飞机所发射的子弹的集合
27          self.img_index = 0   # 玩家飞机图片索引
28          self.is_hit = False   # 玩家是否被击中
29
30     # 发射子弹
31     def shoot(self, bullet_img):
32          bullet = Bullet(bullet_img, self.rect.midtop)
33          self.bullets.add(bullet)
34
35     # 向上移动，需要判断边界
36     def moveUp(self):
37          if self.rect.top <= 0:
38               self.rect.top = 0
39          else:
40               self.rect.top -= self.speed
41
42     # 向下移动，需要判断边界
43     def moveDown(self):
44          if self.rect.top >= SCREEN_HEIGHT - self.rect.height:
45               self.rect.top = SCREEN_HEIGHT - self.rect.height
46          else:
```

```
47          self.rect.top += self.speed
48
49      # 向左移动，需要判断边界
50      def moveLeft(self):
51          if self.rect.left <= 0:
52              self.rect.left = 0
53          else:
54              self.rect.left -= self.speed
55
56      # 向右移动，需要判断边界
57      def moveRight(self):
58          if self.rect.left >= SCREEN_WIDTH - self.rect.width:
59              self.rect.left = SCREEN_WIDTH - self.rect.width
60          else:
61              self.rect.left += self.speed
62
63  # 敌机类
64  class Enemy(pygame.sprite.Sprite):
65      def __init__(self, enemy_img, enemy_down_imgs, init_pos):
66          # 调用父类的初始化方法初始化sprite的属性
67          pygame.sprite.Sprite.__init__(self)
68          self.image = enemy_img
69          self.rect = self.image.get_rect()
70          self.rect.topleft = init_pos
71          self.down_imgs = enemy_down_imgs
72          self.speed = 2
73          self.down_index = 0
74
75      # 敌机移动，边界判断及删除在游戏主循环里处理
76      def move(self):
77          self.rect.top += self.speed
```

13.4.4 游戏核心逻辑

游戏的核心逻辑为玩家飞机的移动和发射子弹、敌机的生成和移动，以及敌机和子弹、敌机和玩家飞机的碰撞检测。具体的实现步骤如下：

① 引用图片资源以方便调用，代码如下：

```
01  # 游戏结束背景图
02  game_over = pygame.image.load('resources/image/gameover.png')
03  # 子弹图片
04  plane_bullet = pygame.image.load('resources/image/bullet.png')
05  # 飞机图片
```

```
06  player_img1= pygame.image.load('resources/image/player1.png')
07  player_img2= pygame.image.load('resources/image/player2.png')
08  player_img3= pygame.image.load('resources/image/player_off1.png')
09  player_img4= pygame.image.load('resources/image/player_off2.png')
10  player_img5= pygame.image.load('resources/image/player_off3.png')
11  # 敌机图片
12  enemy_img1= pygame.image.load('resources/image/enemy1.png')
13  enemy_img2= pygame.image.load('resources/image/enemy2.png')
14  enemy_img3= pygame.image.load('resources/image/enemy3.png')
15  enemy_img4= pygame.image.load('resources/image/enemy4.png')
```

② 在开始游戏方法，即startGame()方法中初始化玩家飞机、敌机、子弹图片和分数等资源，代码如下：

```
01  # 设置玩家飞机不同状态的图片列表，多张图片展示为动画效果
02  player_rect = []
03  # 玩家飞机图片
04  player_rect.append(player_img1)
05  player_rect.append(player_img2)
06  # 玩家飞机爆炸图片
07  player_rect.append(player_img2)
08  player_rect.append(player_img3)
09  player_rect.append(player_img4)
10  player_rect.append(player_img5)
11  player_pos = [200, 600]
12  # 初始化玩家飞机
13  player = Player(player_rect, player_pos)
14  # 子弹图片
15  bullet_img = plane_bullet
16  # 敌机不同状态的图片列表，多张图片展示为动画效果
17  enemy1_img = enemy_img1
18  enemy1_rect=enemy1_img.get_rect()
19  enemy1_down_imgs = []
20  enemy1_down_imgs.append(enemy_img1)
21  enemy1_down_imgs.append(enemy_img2)
22  enemy1_down_imgs.append(enemy_img3)
23  enemy1_down_imgs.append(enemy_img4)
24  # 储存敌机
25  enemies1 = pygame.sprite.Group()
26  # 存储被击毁的飞机，用来渲染击毁动画
27  enemies_down = pygame.sprite.Group()
28  # 初始化射击及敌机移动频率
29  shoot_frequency = 0
30  enemy_frequency = 0
```

```
31  # 玩家飞机被击中后的效果处理
32  player_down_index = 16
33  # 初始化分数
34  score = 0
```

③ 在开始游戏方法，即 startGame()方法中的游戏主循环中，完成玩家飞机、敌机、子弹的逻辑处理、碰撞处理，代码如下：

```
01  # 生成子弹，需要控制发射频率
02  # 首先判断玩家飞机没有被击中
03  if not player.is_hit:
04      if shoot_frequency % 15 == 0:
05          player.shoot(bullet_img)
06      shoot_frequency += 1
07      if shoot_frequency >= 15:
08          shoot_frequency = 0
09  for bullet in player.bullets:
10      # 以固定速度移动子弹
11      bullet.move()
12      # 移动出屏幕后删除子弹
13      if bullet.rect.bottom < 0:
14          player.bullets.remove(bullet)
15  # 显示子弹
16  player.bullets.draw(screen)
17  # 生成敌机，需要控制生成频率
18  if enemy_frequency % 50 == 0:
19      enemy1_pos = [random.randint(0, SCREEN_WIDTH - enemy1_rect.width), 0]
20      enemy1 = Enemy(enemy1_img, enemy1_down_imgs, enemy1_pos)
21      enemies1.add(enemy1)
22  enemy_frequency += 1
23  if enemy_frequency >= 100:
24      enemy_frequency = 0
25  for enemy in enemies1:
26      # 移动敌机
27      enemy.move()
28      # 敌机与玩家飞机碰撞效果处理：两个精灵之间的圆检测
29      if pygame.sprite.collide_circle(enemy, player):
30          enemies_down.add(enemy)
31          enemies1.remove(enemy)
32          player.is_hit = True
33          break
34      # 移动出屏幕后删除飞机
```

```
35          if enemy.rect.top < 0:
36              enemies1.remove(enemy)
37  # 敌机被子弹击中效果处理
38  # 将被击中的敌机对象添加到击毁敌机 Group 中，用来渲染击毁动画
39  # 方法groupcollide()检测两个精灵组中精灵们的矩形冲突
40  enemies1_down = pygame.sprite.groupcollide(enemies1, player.bullets, 1, 1)
41  # 遍历key值，获取碰撞的敌机，并添加到列表中
42  for enemy_down in enemies1_down:
43      # 点击销毁的敌机到列表
44      enemies_down.add(enemy_down)
45  # 绘制玩家飞机
46  if not player.is_hit:
47      screen.blit(player.image[player.img_index], player.rect)
48      # 更换图片索引使飞机有动画效果
49      player.img_index = shoot_frequency // 8
50  else:
51      # 玩家飞机被击中后的效果处理
52      player.img_index = player_down_index // 8
53      screen.blit(player.image[player.img_index], player.rect)
54      player_down_index += 1
55      if player_down_index > 47:
56          # 击中效果处理完成后游戏结束
57          running = False
58  # 敌机被子弹击中效果显示
59  for enemy_down in enemies_down:
60      if enemy_down.down_index == 0:
61          pass
62      if enemy_down.down_index > 7:
63          enemies_down.remove(enemy_down)
64          score += 100
65          continue
66      #显示碰撞图片
67      screen.blit(enemy_down.down_imgs[enemy_down.down_index // 2],
                    enemy_down.rect)
68      enemy_down.down_index += 1
69  # 显示精灵
70  enemies1.draw(screen)
71  # 绘制当前得分
72  score_font = pygame.font.Font(None, 36)
73  score_text = score_font.render(str(score), True, (255, 255, 255))
74  text_rect = score_text.get_rect()
75  text_rect.topleft = [10, 10]
76  screen.blit(score_text, text_rect)
```

④ 处理玩家飞机移动。当玩家在键盘上按相应的按键后，使玩家飞机相应地进行上下左右移动，该功能需要在游戏主循环中进行处理，代码如下：

```
01  # 获取键盘事件（上下左右按键）
02  key_pressed = pygame.key.get_pressed()
03  # 处理键盘事件（移动飞机的位置）
04  if key_pressed[K_w] or key_pressed[K_UP]:
05      player.moveUp()
06  if key_pressed[K_s] or key_pressed[K_DOWN]:
07      player.moveDown()
08  if key_pressed[K_a] or key_pressed[K_LEFT]:
09      player.moveLeft()
10  if key_pressed[K_d] or key_pressed[K_RIGHT]:
11      player.moveRight()
```

运行程序，效果如图13.7所示。

图13.7 游戏主逻辑完成运行效果

13.4.5 游戏排行榜

在游戏结束后会出现游戏排行榜，游戏排行榜记录了游戏最高分的前10名。具体实现步骤如下：

① 在foo项目文件夹中创建score.txt文件,用于保存用户分数,该文件可以直接导入,也可以自己手动创建,但需要写入'0mr0mr0mr0mr0mr0mr0mr0mr0',其中mr用于方便代码中对分数进行分割处理。

② 在main.py项目主文件中创建writh_txt()、read_txt()方法,用于对score.txt文件进行写入与读取处理,代码如下:

```
01  """
02  对文件的操作
03  写入文本:
04  传入参数为content,strim,path。content为需要写入的内容,数据类型为字符串。
05  path为写入的位置,数据类型为字符串。strim为写入方式。
06  传入的path需按如下定义:path= r'D:\text.txt'。
07  f = codecs.open(path, strim, 'utf8')中,codecs为包,需要用impor引入。
08  strim='a'表示追加写入txt,可以换成'w',表示覆盖写入。
09  'utf8'表述写入的编码,可以换成'utf16'等。
10  """
11  def write_txt(content, strim, path):
12      f = codecs.open(path, strim, 'utf8')
13      f.write(str(content))
14      f.close()
15  """
16  读取txt:
17  表示按行读取txt文件,utf8表示读取编码为utf8的文件,可以根据需求改成utf16,或者GBK等。
18  返回的为数组,每一个数组的元素代表一行,
19  若想返回字符串格式,可以将return lines改写成return '\n'.join(lines)。
20  """
21  def read_txt(path):
22      with open(path, 'r', encoding='utf8') as f:
23          lines = f.readlines()
24      return lines
```

③ 创建gameRanking()方法,用于显示排行榜页面,其中主要通过读取分数文件获取分数,并显示到排行榜页面,代码如下:

```
01  # 排行榜
02  def gameRanking():
03      screen2 = pygame.display.set_mode((SCREEN_WIDTH, SCREEN_HEIGHT))
04      # 绘制背景
05      screen2.fill(0)
06      screen2.blit(background, (0, 0))
07      # 使用系统字体
08      xtfont = pygame.font.SysFont('SimHei', 30)
```

```
09      # 设置排行榜标识
10      textstart = xtfont.render('排行榜 ', True, (255, 0, 0))
11      text_rect = textstart.get_rect()
12      text_rect.centerx = screen.get_rect().centerx
13      text_rect.centery = 50
14      screen.blit(textstart, text_rect)
15      # 重新开始按钮
16      textstart = xtfont.render('重新开始 ', True, (255, 0, 0))
17      text_rect = textstart.get_rect()
18      text_rect.centerx = screen.get_rect().centerx
19      text_rect.centery = screen.get_rect().centery + 120
20      screen2.blit(textstart, text_rect)
21      # 获取排行榜文档内容
22      arrayscore = read_txt(r'score.txt')[0].split('mr')
23      #   循环排行榜文件显示排行
24      for i in range(0, len(arrayscore)):
25          # 游戏结束后显示最终得分
26          font = pygame.font.Font(None, 48)
27          # 排名从1到10
28          k=i+1
29          text = font.render(str(k) +"   " +arrayscore[i], True, (255, 0, 0))
30          text_rect = text.get_rect()
31          text_rect.centerx = screen2.get_rect().centerx
32          text_rect.centery = 80 + 30*k
33          # 绘制分数内容
34          screen2.blit(text, text_rect)
```

排行榜页面显示效果如图13.3所示。

第14章

智力拼图
——pygame + random + csv文件读写技术实现

拼图游戏是一种深受大众欢迎的益智游戏，在游戏中每个图形都有它特定的位置，我们需要将它放在专属的地方，最终会拼成一个完整的图案。本章将使用Pygame来制作一个拼图游戏，可以使用键盘或者鼠标来交换相邻方格中的图片，而且，在本游戏中可以将任意一张符合尺寸要求的图片（宽度≥700px，高度>455px）当作游戏素材。

本章知识架构如下：

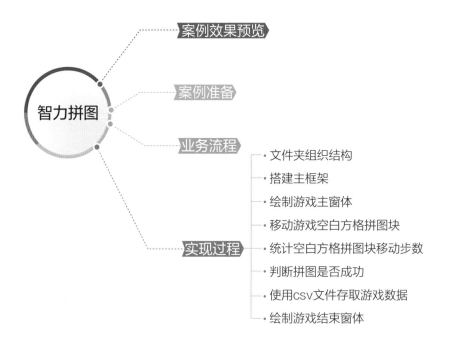

14.1 案例效果预览

本案例实现的智力拼图游戏主要包括以下功能：
☑ 游戏地图的绘制；
☑ 空白方格拼图块的移动；
☑ 空白方格移动步数的统计；
☑ 游戏暂停和继续的实现；
☑ 游戏拼图成功的判断；
☑ 游戏冲关时间的统计；
☑ 多关卡冲关模式；
☑ 游戏数据在 csv 文件中的读取和写入；
☑ 成绩窗体的绘制及历史最高得分的显示。
拼图游戏主窗体运行如图 14.1 所示。
拼图成功时的窗体运行效果如图 14.2 所示。
游戏结束时的窗体运行效果如图 14.3 所示。

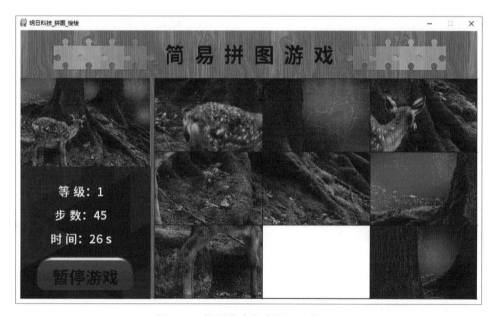

图 14.1 拼图游戏主窗体运行效果图

图14.2 拼图成功窗体运行效果图

图14.3 游戏结束窗体运行效果图

14.2 案例准备

本程序的开发及运行环境如下:

- ☑ 操作系统：Windows 7、Windows 8、Window 10等。
- ☑ 开发语言：Python。
- ☑ 开发工具：PyCharm。
- ☑ Python内置模块：sys、os、time、csv、random、copy、math。
- ☑ 第三方模块：Pygame。

14.3 业务流程

根据拼图游戏的主要功能设计出如图14.4所示的系统业务流程图。

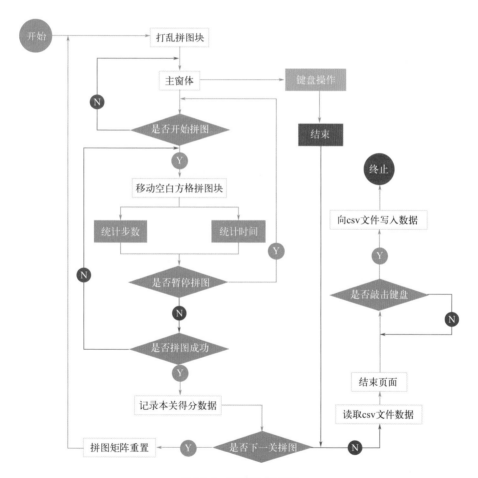

图 14.4　系统业务流程

14.4 实现过程

14.4.1 文件夹组织结构

拼图游戏的文件夹组织结构主要包括bin（系统主文件包）、conf（配置文件包）、core（业务逻辑包）、static（静态资源包）及游戏启动文件manage.py，详细结构如图14.5所示。

图14.5　项目文件结构

14.4.2 搭建主框架

根据开发项目时所遵循的最基本代码目录结构，以及Pygame的最小框架代码，先搭建智力拼图游戏的项目主框架，具体操作步骤如下：

① 根据如图14.5所示的文件夹组织结构，在PyCharm中创建一个Mingri_PinTu_Master项目，并在该项目中依次创建bin、conf、core和static这4个Python Package，然后在static包中依次创建font、img 2个Python Package。

② 在conf包中创建一个settings.py文件，作为整个游戏项目的常量库，代码如下：

```
01  # 导入 Pygame 常量库
02  from pygame.locals import *
03
04  FPS = 60                      # 帧率
05  TITLE = "拼图游戏_施伟"
06  INIT_ROW_NUM = 2              # 初始矩阵行数
07  INIT_COL_NUM = 2              # 初始矩阵列数
08  # 设置游戏难度系数
09  AUTO_RUN_STEP = 3000          # 自动移动步数
10
11  # 游戏所要拼接的图片
12  PUZZLE_IMG = "static/img/game.jpg"
```

```
13  # 恭喜通关所要显示的图片
14  GOOD_IMG = "static/img/good.png"
15  # 主窗体背景图片
16  BG_IMG = "static/img/bg.png"
17  # 结束窗体背景图片
18  GRADE_IMG = "static/img/grade.png"
19  # 等级步数背景图片
20  CONTROL_IMG = "static/img/control.png"
21
22  # 游戏字体文件
23  FONT_FILE = "static/font/SourceHanSansSC-Bold.otf"
24
25  # 拼接图片的宽度,也为原始拼接图片的最小宽度
26  IMG_WIDTH = 700
27  # 背景颜色
28  BG_COLOR = (239, 239, 239)
```

③ 在bin包中创建一个main.py文件,作为整个项目的主文件,在此文件中创建main()主函数,主要在其中调用实现不同游戏逻辑的不同接口方法。main.py文件代码如下:

```
01  import sys
02
03  # 导入pygame 及常量库
04  import pygame
05  from conf.settings import *
06
07
08  # 主函数
09  def main():
10
11      # 标题
12      title = TITLE
13      # 颜色定义
14      bg_color = BG_COLOR
15      # 屏幕尺寸(宽,高)
16      __screen_size = WIDTH, HEIGHT = 1010, 570
17
18      # 初始化
19      pygame.init()
20      # 创建游戏窗口
21      screen = pygame.display.set_mode(__screen_size)
22      # 设置窗口标题
```

```
23      pygame.display.set_caption(title)
24      # 创建管理时间对象
25      clock = pygame.time.Clock()
26      # 创建字体对象
27      font = pygame.font.Font(FONT_FILE, 26)
28      # 游戏运行开关
29      running = True
30
31      # 程序运行主体循环
32      while running:
33          # 1. 清屏(窗口纯背景色画纸的绘制)
34          screen.fill(bg_color)  # 先准备一块深灰色布
35          # 2. 绘制
36
37          for event in pygame.event.get():   # 事件索取
38              if event.type == QUIT:         # 判断点击窗口右上角"X"
39                  pygame.quit()              # 退出游戏,还原设备
40                  sys.exit()                 # 程序退出
41
42          # 3. 刷新
43          pygame.display.update()
44          # 设置帧数
45          clock.tick(FPS)
46      # 循环结束后,退出游戏
47      pygame.quit()
```

④ 在core包中创建一个handler.py文件,用于存储整个游戏中的主要逻辑代码。

⑤ 作为项目启动文件的manage.py文件的完整代码如下:

```
01  __auther__ = "SuoSuo"
02  __version__ = "master_v1"
03
04  from bin.main import main
05
06  if __name__ == '__main__':
07      main()
```

14.4.3　绘制游戏主窗体

在绘制主窗体之前,首先确定在主窗体上要展示哪些内容,并确定各部分内容以及窗体的最终尺寸大小。本案例实现时,对于所要拼接的图片实现了高度可

配置，只需要在游戏配置文件conf/settings.py文件中修改表示游戏拼接图片的常量（PUZZLE_IMG）即可，图片的尺寸要求为：宽度≥700px，高度>455px。游戏主窗体布局如图14.6所示。

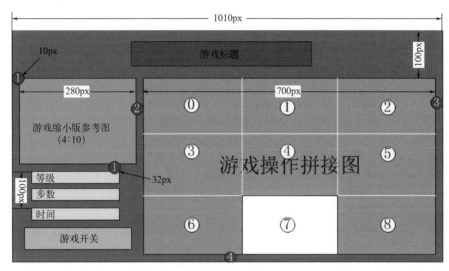

图14.6 主窗体布局图

通过Pygame模块实现绘制拼图游戏主窗体的步骤如下：

① 在core包中创建一个level.py文件，用于管理游戏拼接图，在该文件中创建一个名为Level的游戏等级类，该类中定义并初始化游戏矩阵列表、游戏等级、行数、列数、矩阵方格数、方格宽度、方格高度和交换次数，并且初始化方格的位置。level.py文件代码如下：

```
01  import copy
02  import math
03  import random
04  
05  from conf.settings import *
06  
07  class Level:
08      """ 游戏等级类 """
09  
10      def __init__(self,):
11          self.frame = []                          # 游戏矩阵列表
12          self.game_level = 0                      # 游戏等级
13          self.row_num = INIT_ROW_NUM - 1          # 行数
14          self.col_num = INIT_COL_NUM - 1          # 列数
15          self.grid_num = 0                        # 矩阵方格数
16          self.grid_width = 0                      # 方格宽
```

```
17          self.grid_height = 0              # 方格高
18          self.step = 0                     # 交换次数
19
20      def frame_init(self, manager):
21          """ 矩阵初始化 """
22          self.game_level += 1
23          self.row_num += 1
24          self.col_num += 1
25          self.step = 0
26          self.manager = manager
27          self.grid_num = self.row_num * self.col_num
28          self.frame = [[(i + j * self.col_num) for i in range
                           (self.col_num)] for j in range(self.row_num)]
29          self.grid_width = manager.game_rect.width // self.col_num
30          self.grid_height = manager.game_rect.height // self.row_num
31          # 初始空白方格位置
32          self.blank = [random.randint(0, self.row_num - 1),
                          random.randint(0, self.col_num - 1)]
33          self.frame[self.blank[0]][self.blank[1]] = -1
34          self.manager.success_switch = False
```

说明：上面代码中，第22行代码用来将游戏等级加1；第23、24行代码分别对拼图矩阵行数与列数加1；第25行代码将空白方格移动步数重置为零；第27行代码用来对小方格数量总和进行计算；第28行代码通过Python列表推导式语法对代表拼接图中所有小方格的二维矩阵中存储的标号进行了初始化赋值；第29和30行代码分别计算了平均每个小方格的宽度和高度，并对其做了除法，向上取整；第32行代码用Python随机数模块random在二维矩阵中随机选择了一个元素及空白小方格的标号，然后将此空白小方格在矩阵中的行与列索引存储在self.blank变量中，留待后续功能实现使用；第33行代码则对新的游戏二维矩阵中的空白小方格标号进行了重新赋值标记，供拼图绘制使用。

② 在core包中创建一个handler.py文件，用于存放游戏窗口主逻辑代码，在该文件中创建一个游戏管理类，类名定义为Manager，在其中对游戏主窗体的基本设置进行初始化。handler.py文件代码如下：

```
01  import math
02  import os
03  import sys
04  import time
05
06  import pygame
07  from conf.settings import import *
```

```python
08
09
10  class Manager:
11      """ 游戏管理类 """
12
13      def __init__(self, lev_obj):
14
15          self.clock = pygame.time.Clock()        # 时间管理对象
16          self.running = True                      # 游戏运行开关
17          self.img_init()                          # 图片初始化
18          self.lev_obj = lev_obj                   # 游戏等级类对象
19          # {0: 终止状态，1: 运行状态，2: 暂停状态 }
20          self.state = 1                           # 游戏状态
21
22      def img_init(self):
23          """ 全局设置 """
24          self.image = pygame.image.load(PUZZLE_IMG)
25          # 拼接图 Sur face
26          if self.image.get_width() >= IMG_WIDTH and self.image.get_ \
                                          height() > IMG_WIDTH * 0.65:
27              self.game_img = pygame.transform.scale(self.image, \
28                              (IMG_WIDTH, math.ceil(self.image.get_height() *
                                  (IMG_WIDTH / self.image.get_width()))))
29              self.show_img = pygame.transform.scale(self.image, \
30                                                    (math.ceil(IMG_WIDTH*
                                                      0.4), \
31                                                    math.ceil(self.game_
              img.get_height() * 0.4)))
32          else:
33              raise("This picture is too small (W >= " + str(IMG_WIDTH) + ", H > " + \
34                  str(IMG_WIDTH * 0.65) + ")! Please get me a bigger one .....")
35          self.game_rect = self.game_img.get_rect()
36          self.show_rect = self.show_img.get_rect()
37          self.show_rect.topleft = (10, 100)
38          self.game_rect.topleft = (self.show_rect.width + 20, 100)
39          # 窗口 Sur face
40          self.screen_size = (self.game_rect.width +
                                  self.show_rect.width + 30, \
41                              self.game_rect.height + 110)
42          self.screen = pygame.display.set_mode(self.screen_size)
43          self.screen_rect = self.screen.get_rect()
44          # 主窗体背景图 Sur face
45          self.background_sur = pygame.image.load(BG_IMG)
```

```
46        # 等级步数背景图Surface
47        self.control_sur = pygame.image.load(CONTROL_IMG)
48
49        # 通关图Surface
50        self.success_sur = pygame.image.load(GOOD_IMG)
51        self.success_rec = self.success_sur.get_rect()
52        self.success_rec.center = self.screen_rect.center
53        # 结束窗体背景图Surface
54        self.over_sur = pygame.image.load(GRADE_IMG)
55
56    def draw_text(self, text, size, color, x, y, center = False):
57        """ 文本绘制 """
58        font = pygame.font.Font(FONT_FILE, size)
59        text_surface = font.render(text, True, color)
60        text_rect = text_surface.get_rect()
61        if center:
62            text_rect.topleft = (x // 2 - text_rect.width // 2, y)
63        else:
64            text_rect.topleft = (x, y)
65        self.screen.blit(text_surface, text_rect)
```

说明：上面代码中，第19行代码展示了本游戏的不同游戏状态所表示的不同数值。第20行代码用来初始化游戏运行状态。第24行代码用来执行加载原图功能。第26行代码中判断图片尺寸是否符合游戏设计规定，如果符合规定，则分别创建游戏参考图Surface对象和拼接图Surface对象；如果不符合规定，则显式地使用raise()方法抛出一个程序错误，并告知玩家所要拼接的图片不符合规定以及图片的具体尺寸、大小要求等信息。

③ 在Manager类中定义一个init_page()方法，用来初始化游戏主窗体的绘制，代码如下：

```
01  # 游戏窗体绘制初始化
02  def init_page(self):
03      """ 游戏窗体绘制初始化 """
04      # 绘制背景图
05      self.screen.blit(self.background_sur, (0, 0))
06      # 绘制等级步数背景图
07      self.screen.blit(self.control_sur, (10, self.show_rect.bottom))
08      # 绘制标题
09      self.draw_text("简 易 拼 图 游 戏", 44, (0, 0, 0),
                       self.screen_rect.width, 15, True)
10      # 绘制参考图
11      self.screen.blit(self.show_img, self.show_rect)
```

```python
12          # 绘制矩阵拼接图
13          for row, li in enumerate(self.lev_obj.frame):
14              for col, val in enumerate(li):
15                  posi = (col * self.lev_obj.grid_width + self.game_rect[0], \
16                          row * self.lev_obj.grid_height + self.game_rect[1])
17                  if val == -1:
18                      pygame.draw.rect(self.screen, (255, 255, 255), \
19                                       (posi[0], posi[1], \
                                          self.lev_obj.grid_width, \
20                                        self.lev_obj.grid_height))
21                  sub_row = self.lev_obj.frame[row][col] // self.lev_obj.col_num
22                  sub_col = self.lev_obj.frame[row][col] % self.lev_obj.col_num
23                  sub_posi = (sub_col * self.lev_obj.grid_width, \
                                sub_row * self.lev_obj.grid_height, \
24                              self.lev_obj.grid_width, self.lev_obj.grid_height)
25                  self.screen.blit(self.game_img, posi, sub_posi)
26          # 绘制分隔线_横线
27          for i in range(self.lev_obj.row_num + 1):
28              start_pos = [self.game_rect[0], self.game_rect[1] + \
                             i * self.lev_obj.grid_height]
29              end_pos = [self.game_rect[0] + self.game_rect.width,
                           self.game_rect[1] + \
30                         i * self.lev_obj.grid_height]
31              pygame.draw.line(self.screen, (0, 0, 0.5), start_pos, end_pos, 1)
32          # 绘制分隔线_竖线
33          for i in range(self.lev_obj.col_num + 1):
34              start_pos = [self.game_rect[0] + i * self.lev_obj.grid_width,
                             self.game_rect[1]]
35              end_pos = [self.game_rect[0] + i * self.lev_obj.grid_width,
                           self.game_rect[1] + self.game_rect.height]
36
37              pygame.draw.line(self.screen, (0, 0, 0.5), start_pos, end_pos, 1)
38          # 绘制等级
39          self.draw_text("等级: %d"% self.lev_obj.game_level, 26, (255, 255, 255), \
40                         self.show_rect.width, self.show_rect.bottom + 32, True)
41          # 绘制步数
42          self.draw_text("步 数: %d"% self.lev_obj.step, 26, (255, 255, 255), \
43                         self.show_rect.width, self.show_rect.bottom + 82, True)
44          # 绘制时间
45          self.draw_text("时 间: 0 s", 26, (255, 255, 255), \
46                         self.show_rect.width, self.show_rect.bottom + 132, True)
47          pygame.draw.rect(self.screen, (255, 255, 255), \
                             (0, self.screen_rect.bottom - 10, \
48                            self.screen_rect.width, 10))
```

上面代码中,在第13行使用for语句块绘制游戏拼接图时,首先遍历游戏二维矩阵中的每一行元素列表,然后遍历每一行元素列表中的每一个代表原图中游戏小方格的标号,在获取到某一方格所表示的标号之后,在其中绘制具体的拼图块,步骤如下。通过此小方格在拼接图中的当前位置(在游戏二维矩阵中的行与列索引号)计算出小方格在整个游戏窗口中左上顶点坐标的位置(即第15、16行代码),然后通过获取到的小方格标号计算出此小方格相对于游戏拼接总图的相对位置坐标(即第23、24行代码),具体释义如图14.7所示。当知道任意一个小方格在Pygame窗口中的坐标位置和在拼接图中的相对位置坐标之后,就可以通过Pygame显示Surface对象中的blit()方法,在Pygame窗口中剪裁绘制游戏拼接图Surface对象中的某一部分矩形区域图像(即第25行代码)。根据该原理即可实现根据每一个小方格存储在二维矩阵中的标号来绘制每一个小方格上应显示的小拼图块图像。

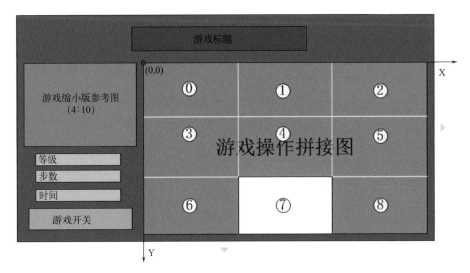

图14.7 小方格相对位置图示

④ 在main.py文件中实例化游戏管理类Manager和游戏等级类Level,然后调用Level类中的frame_init()方法初始化游戏拼接图二维矩阵,并将Manager类中定义窗口尺寸大小的参数screen_size传至pygame.display.set_mode()方法中,用来创建Pagame窗体,最后在程序主循环中调用Manager类中的init_page()方法实现窗体的绘制。main.py文件修改后的代码如下(注意:加底色的代码为新增代码):

```
01  import sys
02
03  # 导入pygame 及常量库
04  import pygame
05  from conf.settings import *
```

```
06
07  from core.handler import Manager
08  from core.level import Level
09
10
11  # 主函数
12  def main():
13
14      # 标题
15      title = TITLE
16      # 颜色定义
17      bg_color = BG_COLOR
18
19      # 初始化
20      pygame.init()
21      # 创建管理时间对象
22      clock = pygame.time.Clock()
23
24      # 实例化游戏管理类对象
25      level = Level()
26      manager = Manager(level)
27      level.frame_init(manager)
28
29      # 屏幕尺寸（宽，高）
30      __screen_size = WIDTH, HEIGHT = manager.screen_size
31      # 创建游戏窗口
32      screen = pygame.display.set_mode(__screen_size)
33      # 设置窗口标题
34      pygame.display.set_caption(title)
35      # 创建字体对象
36      font = pygame.font.Font(FONT_FILE, 26)
37      # 游戏运行开关
38      running = True
39
40      # 程序运行主体循环
41      while running:
42          # 1. 清屏(窗口纯背景色画纸的绘制)
43          screen.fill(bg_color)   # 先准备一块深灰色布
44          # 2. 绘制
45          manager.init_page()
46
47          for event in pygame.event.get():   # 事件索取
48              if event.type == QUIT:   # 判断点击窗口右上角"X"
```

```
49                    pygame.quit()              # 退出游戏，还原设备
50                    sys.exit()                 # 程序退出
51
52            # 3.刷新
53            pygame.display.update()
54            # 设置帧数
55            clock.tick(FPS)
56    # 循环结束后，退出游戏
57    pygame.quit()
```

游戏主窗体运行效果图如图14.8所示。

图14.8　游戏主窗体运行效果

说明：主窗体中的游戏开关按钮，笔者在此项中将其设计为一个单独的模块。

14.4.4　移动游戏空白方格拼图块

要实现空白小方格与周围相邻的某一个拼图块交换的功能，只需交换这两个小方格在二维矩阵存储的标号即可。实现移动游戏空白方格功能的步骤如下：

① 在Level类中定义一个exchange()方法，用来实现空白方格能够分别向4个方向移动的算法，即交换任意两个小方格在游戏二维矩阵中所代表的标号。然后在Level类中定义一个operate()方法，用来对游戏二维矩阵进行操作。该方法有两个参数：第1个参数表示移动方向；第2个参数表示玩家操作，默认为True。

exchange()方法和operate()方法实现代码如下：

```python
01  def exchange(self, one, two):
02      """ 方格交换 """
03      self.frame[one[0]][one[1]], self.frame[two[0]][two[1]] = \
04          self.frame[two[0]][two[1]], self.frame[one[0]][one[1]]
05
06  def operate(self, direction, manual = True):
07      """ 矩阵操作维护 """
08      if direction == BOTTOM:
09          if self.blank[0] >= 1:
10              self.exchange(self.blank, (self.blank[0] - 1, self.blank[1]))
11              self.blank[0] -= 1
12      elif direction == LEFT:
13          if self.blank[1] <= self.col_num - 2:
14              self.exchange(self.blank, [self.blank[0], self.blank[1] + 1])
15              self.blank[1] += 1
16      elif direction == UP:
17          if self.blank[0] <= self.row_num - 2:
18              self.exchange(self.blank, (self.blank[0] + 1, self.blank[1]))
19              self.blank[0] += 1
20      elif direction == RIGHT:
21          if self.blank[1] >= 1:
22              self.exchange(self.blank, (self.blank[0], self.blank[1] - 1))
23              self.blank[1] -= 1
```

说明：上面代码中，第11、15、19、23行代码用来对记录空白方格在二维矩阵中的行与列索引号的变量值进行实时更新。

② 在Level类中创建一个auto_run()方法，在其中封装使其空白方格随机移动的算法。该方法中，实现使用列表推导式生成了一个代表每次移动方向（3：上，4：右，1：下，2：左）的随机移动列表序列，序列的长度与游戏等级（此关游戏拼图的难度）成正比；然后使用random随机模块将其随机打乱；最后调用operate()方法使其移动。auto_run()方法实现代码如下：

```python
01  def auto_run(self):
02      """ 图形方格随机移动算法 """
03      li = [i % 5 for i in range(AUTO_RUN_STEP * self.game_level) if i % 5 != 0]
04      random.shuffle(li)
05      for i in li:
06          self.operate(i, False)
```

③ 在Manager类中定义一个listen_event()方法，用来监听玩家的键盘按下和鼠标单击事件。该方法中，首先对游戏状态进行判断，只有在游戏状态为运行时

才可以监听事件使玩家进行操作；然后通过判断玩家按下的键，计算其所单击的小方格在二维矩阵中的行与列索引号，并分别计算所点击方格与空白方格的列索引差与行索引差；最后判断玩家所点击方格是否与空白方格相邻，相邻则交换，否则为无效操作。listen_event() 方法实现代码如下：

```
01  # 矩阵事件监听
02  def listen_event(self, event):
03      """ 事件监听 """
04      # 矩阵事件监听
05      if self.state == 1:
06          # 键盘事件
07          if event.type == KEYDOWN:
08              if event.key == K_ESCAPE:
09                  sys.exit()
10              """ {上: 1, 右: 2, 下: 3, 左: 4} """
11              if event.key in [K_UP, K_w, K_w - 62]:
12                  self.lev_obj.operate(1)
13              elif event.key in [K_RIGHT, K_d, K_d - 62]:
14                  self.lev_obj.operate(2)
15              elif event.key in [K_DOWN, K_s, K_s - 62]:
16                  self.lev_obj.operate(3)
17              elif event.key in [K_LEFT, K_a, K_a - 62]:
18                  self.lev_obj.operate(4)
19          # 鼠标按下事件
20          if event.type == MOUSEBUTTONDOWN and event.button == 1:
21              mouse_x, mouse_y = event.pos
22              row = int(mouse_y - self.game_rect[1]) // self.lev_obj.grid_height
23              col = int(mouse_x - self.game_rect[0]) // self.lev_obj.grid_width
24              row_diff = row - self.lev_obj.blank[0]
25              col_diff = col - self.lev_obj.blank[1]
26              if row_diff == 1 and col_diff == 0:
27                  self.lev_obj.operate(1)
28              elif row_diff == -1 and col_diff == 0:
29                  self.lev_obj.operate(3)
30              elif row_diff == 0 and col_diff == 1:
31                  self.lev_obj.operate(4)
32              elif row_diff == 0 and col_diff == -1:
33                  self.lev_obj.operate(2)
```

④ 在 main() 方法的程序主循环中，找到处理事件的代码，并在此处调用 Manager 类中监听用户事件的 listen_event() 方法，从而接收外界用户输入。修改后的 main() 方法完整代码如下（注意：加底色的代码为新增代码）：

```python
01  # 主函数
02  def main():
03
04      # 标题
05      title = TITLE
06      # 颜色定义
07      bg_color = BG_COLOR
08
09      # 初始化
10      pygame.init()
11      # 创建管理时间对象
12      clock = pygame.time.Clock()
13
14      # 实例化游戏管理类对象
15      level = Level()
16      manager = Manager(level)
17      level.frame_init(manager)
18
19      # 屏幕尺寸（宽，高）
20      __screen_size = WIDTH, HEIGHT = manager.screen_size
21      # 创建游戏窗口
22      screen = pygame.display.set_mode(__screen_size)
23      # 设置窗口标题
24      pygame.display.set_caption(title)
25      # 创建字体对象
26      font = pygame.font.Font(FONT_FILE, 26)
27      # 游戏运行开关
28      running = True
29
30      # 程序运行主体循环
31      while running:
32          # 1. 清屏（窗口纯背景色画纸的绘制）
33          screen.fill(bg_color)   # 先准备一块深灰色布
34          # 2. 绘制
35          manager.init_page()
36
37          for event in pygame.event.get():   # 事件索取
38              if event.type == QUIT:   # 判断点击窗口右上角"X"
39                  pygame.quit()        # 退出游戏，还原设备
40                  sys.exit()           # 程序退出
41              # 监听游戏窗体事件
42              manager.listen_event(event)
43
```

```
44          # 3.刷新
45          pygame.display.update()
46          # 设置帧数
47          clock.tick(FPS)
48      # 循环结束后,退出游戏
49      pygame.quit()
```

14.4.5 统计空白方格拼图块移动步数

统计空白方格的移动步数需要在游戏为运行状态且玩家进行有效操作的前提下进行,其具体实现步骤如下:

① 在 Level 类的初始化 __init__() 方法中定义一个 old_frame 变量,初始化为游戏二维矩阵变量 self.frame,该变量用于存储空白小方格每次有效移动之前的游戏二维矩阵数据。代码如下:

```
50  self.old_frame = self.frame      # 记录二维矩阵
```

② 在 Level 类的矩阵操作方法 operate() 中实时更新 self.old_frame 变量,代码如下:

```
01  # 记录矩阵
02  if manual:
03      self.old_frame = copy.deepcopy(self.frame)
```

③ 在 Level 类中定义一个 is_move() 方法,用于判断空白方格是否移动,代码如下:

```
01  # 检测是否移动
02  def is_move(self):
03      """ 检测是否移动 """
04      if self.manager.state == 1:
05          if self.old_frame != self.frame:    # 比较值
06              return True
07      return False
```

④ 在 Level 类中定义一个 add_step() 方法,用于对 step 步数变量的值进行实时更新,代码如下:

```
01  # 记录玩家移动步数
02  def add_step(self):
03      """ 记录玩家移动步数 """
04      if self.is_move():
05          self.step += 1
```

14.4.6 判断拼图是否成功

判断拼图是否成功,只需判断游戏二维矩阵中的所有方格的标号是否与最初初始化时的顺序一致,如果一致,则判定拼图成功,否则游戏继续。实现判断拼图是否成功的步骤如下:

① 定义一个拼图是否成功的开关,初始值赋值为False。在Manager类的初始化__init__()方法中定义一个success_switch变量,代码如下:

```
06    self.success_switch = False            # 拼图成功开关
```

② 在游戏二维矩阵管理类Level中定义一个is_success()方法,用于对游戏二维矩阵进行判断,代码如下:

```
01  def is_success(self):
02      """ 拼图成功判断 """
03      self.ori_frame = [[(i + j * self.col_num) for i in range(self.col_num)] for j in range(self.row_num)]
04      self.ori_frame[self.blank[0]][self.blank[1]] = -1
05      if self.frame == self.ori_frame:
06          return True
07      return False
```

③ 在Manager类中定义一个page_reset()方法,用于在拼图成功时重置游戏窗体中的数据,代码如下:

```
01  def page_reset(self):
02      """ 窗体数据重置 """
03      self.state = 0                        # 设游戏为终止状态
04      self.success_switch = True  # 打开成功拼图开关
```

④ 在Manager类中的主窗体绘制方法init_page()中添加判断拼图是否成功的代码,代码如下:

```
01  # 拼图成功判断
02  if not self.success_switch:
03      if self.lev_obj.is_success():
04          self.page_reset()
```

⑤ 在Manager类中定义一个success_page()方法,用来在拼图成功时绘制玩家通关图。该方法有一个默认参数值为False,表示当调用此方法无任何形参时,执行方法内的窗体绘制代码;而如果传入一个布尔值为True,则执行此方法内的事件监听代码,这里先用pass语句代替。success_page()方法实现代码如下:

```
01  def success_page(self, event = False):
02      """ 通关恭喜窗体的事件监听与绘制 """
03      # 事件监听
04      if event:
05          pass
06      # 窗体绘制
07      else:
08          # 绘制恭喜通关图
09          self.screen.blit(self.success_sur, self.success_rec)
```

⑥ 最后一步则是判断拼图开关，若为True，表示拼图成功，则绘制恭喜玩家通关的图片，即调用上一步骤中定义的。

在init_page()方法中判断拼图开关的值，并调用success_page()方法绘制游戏通关图，代码如下：

```
01  # 绘制成功窗体
02  if self.success_switch:
03      self.success_page()
```

⑦ 当拼图成功时，拼接图中的空白方格应该恢复为原有的拼图块，且拼接图之上也不应该再继续绘制分割线，因此需要对拼接图的绘制方法init_page()中的代码进行修改，即在其中绘制分割线的代码处添加一条判断是否拼图成功的if语句，判断在拼图成功时不进行分割线的绘制即可。修改后的Manager类中的init_page()方法代码如下（注意：加底色的代码为新增代码）：

```
01  # 游戏窗体绘制初始化
02  def init_page(self):
03      """ 游戏窗体绘制初始化 """
04
05      # 拼图成功判断
06      if not self.success_switch:
07          if self.lev_obj.is_success():
08              self.page_reset()
09      # 绘制背景图
10      self.screen.blit(self.background_sur, (0, 0))
11      # 绘制等级步数背景图
12      self.screen.blit(self.control_sur, (10, self.show_rect.bottom))
13      # 绘制标题
14      self.draw_text("简易拼图游戏", 44, (0, 0, 0), self.screen_rect.width,
                     15, True)
15      # 绘制参考图
16      self.screen.blit(self.show_img, self.show_rect)
17      # 绘制矩阵拼图 button_text
```

```python
18          for row, li in enumerate(self.lev_obj.frame):
19              for col, val in enumerate(li):
20                  posi = (col * self.lev_obj.grid_width + self.game_rect[0], \
21                          row * self.lev_obj.grid_height + self.game_rect[1])
22                  if val == -1:
23                      if not self.success_switch:
24                          pygame.draw.rect(self.screen, (255, 255, 255), \
25                                          (posi[0], posi[1],
                                            self.lev_obj.grid_width,
26                                          self.lev_obj.grid_height))
27                      else:
28                          self.lev_obj.frame[row][col] = self.lev_obj.blank[0] * \
29                                                      self.lev_obj.col_num + 
                                                        self.lev_obj.blank[1]
30                  sub_row = self.lev_obj.frame[row][col] // self.lev_obj.col_num
31                  sub_col = self.lev_obj.frame[row][col] % self.lev_obj.col_num
32                  sub_posi = (sub_col * self.lev_obj.grid_width, sub_row *
                                self.lev_obj.grid_height, \
33                              self.lev_obj.grid_width, self.lev_obj.grid_height)
34                  self.screen.blit(self.game_img, posi, sub_posi)
35          if not self.success_switch:
36              # 绘制分隔线_横线
37              for i in range(self.lev_obj.row_num + 1):
38                  start_pos = [self.game_rect[0], self.game_rect[1] +
                                i * self.lev_obj.grid_height]
39                  end_pos = [self.game_rect[0] + self.game_rect.width,
                              self.game_rect[1] +
40                            i * self.lev_obj.grid_height]
41                  pygame.draw.line(self.screen, (0, 0, 0.5), start_pos, end_pos, 1)
42              # 绘制分隔线_竖线
43              for i in range(self.lev_obj.col_num + 1):
44                  start_pos = [self.game_rect[0] + i * self.lev_obj. \
                                grid_width, self.game_rect[1]]
45                  end_pos = [self.game_rect[0] + i * self.lev_obj.grid_width,
                              self.game_rect[1] + self.game_rect.height]
46
47                  pygame.draw.line(self.screen, (0, 0, 0.5), start_pos, end_pos, 1)
48          # 绘制等级
49          self.draw_text("等 级: %d"% self.lev_obj.game_level, 26, (255, 255, 255), \
50                        self.show_rect.width, self.show_rect.bottom + 32, True)
51          # 绘制步数
52          self.draw_text("步 数: %d"% self.lev_obj.step, 26, (255, 255, 255), \
53                        self.show_rect.width, self.show_rect.bottom + 82, True)
```

```
54      # 绘制时间
55      self.draw_text("时 间: 0 s", 26, (255, 255, 255), \
56                     self.show_rect.width, self.show_rect.bottom + 132, True)
57      pygame.draw.rect(self.screen, (255, 255, 255), (0, self.screen_rect. \
                        bottom - 10, self.screen_rect.width, 10))
58
59      # 绘制成功窗体
60      if self.success_switch:
61          self.success_page()
```

运行程序，当拼图成功时，效果如图14.2所示。

14.4.7 使用csv文件存取游戏数据

由于在游戏结束窗体中需要对玩家所玩的每一关卡的得分进行判断，判断是否创造纪录，因此需要保存每一关卡的最高得分纪录。拼图游戏中将每一关卡的最高得分纪录保存在了csv文件中。实现在拼图游戏中通过csv文件读取和写入游戏关卡得分的具体步骤如下：

① 在Manager类的__init__()方法中添加一个self.dir变量，用来指定保存游戏数据的csv文件的文件夹路径。代码如下：

```
62  self.dir = os.path.abspath(os.path.dirname(__file__))
```

② 在Manager类中创建一个load_data()方法，用来对csv文件进行数据读取操作，代码如下：

```
01  def load_data(self):
02      """ 加载数据 """
03      file_path = os.path.join(self.dir, "grade.csv")
04      res = {}
05      if not os.path.exists(file_path):
06          raise (file_path, "文件不存在，读取数据失败！")
07      # 使用 python上下文管理协议，自动回收文件句柄资源
08      with open(file_path, 'r') as f:
09          reader = csv.reader(f)
10          data_list = list(reader)
11          if data_list:
12              for li in list(reader):
13                  res[int(li[0])] = {}
14                  res[int(li[0])]["time"] = int(li[1])
15                  res[int(li[0])]["step"] = int(li[2])
16              return res
17      return {}
```

③ 在Manager类中创建一个write_data()方法，用来对csv文件进行写入数据操作，代码如下：

```
01  def write_data(self, data):
02      """ 向文件写入数据 """
03      if type(data) != dict:
04          raise(" 写入文件数据:", data, "类型不为字典 ........")
05      file_path = os.path.join(self.dir, "grade.csv")
06      with open(file_path, 'w', newline='') as f:
07          writer = csv.writer(f)
08          if data:
09              for lev, dic in data.items():
10                  writer.writerow([str(lev), str(dic["time"]), \
11                                   str(dic["step"])])
```

14.4.8 绘制游戏结束窗体

拼图游戏结束或中途退出时会显示游戏结束窗体，在游戏结束窗体中首先需要绘制窗体背景，并读取显示csv文件中的最高得分纪录；然后需要绘制玩家数据，并且判断玩家是否创造了新纪录；最后判断是否关闭游戏窗口，并向csv文件中写入游戏最新的最高得分纪录数据。

游戏结束窗体的具体实现步骤如下：

① 在Manager类的 __init__()方法中创建self.score_dict和self.high_score_dict变量，用来存储游戏得分数据。代码如下：

```
01  self.score_dict = {}                    # 得分字典
02  self.high_score_dict = {}               # 最高得分字典
```

② 在Manager类中创建一个record_grade()方法，用来记录玩家每个关卡的得分数据，代码如下：

```
01  def record_grade(self):
02      """ 记录得分 """
03      self.score_dict[self.lev_obj.game_level] = {}
04      self.score_dict[self.lev_obj.game_level]["time"] = self.button.cul_time()
05      self.score_dict[self.lev_obj.game_level]["step"] = self.lev_obj.step
```

③ 在Manager类的page_reset()方法中调用record_grade()方法记录关卡得分，代码如下：

```
06  self.record_grade()                     # 记录得分
```

④ 修改游戏主方法main()中主逻辑循环while的条件变量为Manager类初始化方法中定义的self.running，用于控制游戏是否结束。main()方法修改后的代码如下（注意：加底色的代码为新增代码）：

```
01  # 主函数
02  def main():
03
04      # 标题
05      title = TITLE
06      # 颜色定义
07      bg_color = BG_COLOR
08
09      # 初始化
10      pygame.init()
11      # 创建管理时间对象
12      clock = pygame.time.Clock()
13
14      # 实例化游戏管理类对象
15      level = Level()
16      manager = Manager(level)
17      level.frame_init(manager)
18
19      # 屏幕尺寸（宽，高）
20      __screen_size = WIDTH, HEIGHT = manager.screen_size
21      # 创建游戏窗口
22      screen = pygame.display.set_mode(__screen_size)
23      # 设置窗口标题
24      pygame.display.set_caption(title)
25      # 创建字体对象
26      font = pygame.font.Font(FONT_FILE, 26)
27
28      # 程序运行主体循环
29      while manager.running:
30          # 1. 清屏(窗口纯背景色画纸的绘制)
31          screen.fill(bg_color)   # 先准备一块深灰色布
32          # 2. 绘制
33          manager.init_page()
34
35          for event in pygame.event.get():   # 事件索取
36              if event.type == QUIT:   # 判断点击窗口右上角"X"
37                  pygame.quit()        # 退出游戏，还原设备
38                  sys.exit()           # 程序退出
39              # 监听游戏窗体事件
```

```
40              manager.listen_event(event)
41          manager.button.cul_time()  # 计算时间
42          # 3.刷新
43          pygame.display.update()
44          # 设置帧数
45          clock.tick(FPS)
46  # 循环结束后，退出游戏
47  pygame.quit()
```

⑤ 在Manager类中创建一个show_quit_screen()方法，用于绘制游戏结束窗体；创建一个wait_for_key()方法，用于监听玩家是否执行了关闭游戏窗口的操作。代码如下：

```
01  def show_quit_screen(self):
02      """ 游戏退出窗体 """
03      self.screen.fill((54, 59, 64))
04      # 绘制背景图
05      self.screen.blit(self.over_sur, (0, 0))
06      # 读取最高分文件数据
07      self.high_score_dict = self.load_data()
08      line = 1
09      # 只展示最后 8 关的游戏数据
10      if len(self.score_dict) > 8:
11          for i in range(1, len(self.score_dict) - 8 + 1):
12              self.score_dict.pop(i)
13      # 绘制各关卡游戏数据
14      for lev, dic in self.score_dict.items():
15          now = dic["time"] * 0.4 + dic["step"] * 0.6
16          try:
17              if self.high_score_dict[lev]:
18                  ago = self.high_score_dict[lev]["time"] * 0.4 + \
19                      self.high_score_dict[lev]["step"] * 0.6
20          except Exception as e:
21              ago = 0
22              self.high_score_dict[lev] = {}
23              self.high_score_dict[lev]["time"] = dic["time"]
24              self.high_score_dict[lev]["step"] = dic["step"]
25          time_list = time.ctime(round(dic["time"] / 1000)).split(" ")[4]. \
                     split(":")
26          time_list[0] = str(int(time_list[0]) - 8)
27          time_str = ":".join(time_list).center(22)
28          # 创造历史
29          if now < ago or ago == 0:
```

```
30              self.draw_text(str(lev).center(26) + time_str + \
31                             str(dic["step"]).center(22) + "Yes".center(44), \
32                             26, (255, 0, 0), 150, 155 + 40 * line)
33              # 如果得分出现新纪录，保存下来
34              if ago != 0:
35                  self.high_score_dict[lev]["time"] = dic["time"]
36                  self.high_score_dict[lev]["step"] = dic["step"]
37          else:
38              self.draw_text(str(lev).center(26) + time_str + \
39                             str(dic["step"]).center(22) + "No".center(44), \
40                             26, (0, 0, 0), 150, 155 + 40 * line)
41          line += 1
42      self.draw_text("Press a key to play again", 30, \
43                     (255, 255, 255), self.screen_rect.width, \
44                     self.screen_rect.bottom - 60, True)
45      pygame.display.update()
46      self.wait_for_key()
47
48  def wait_for_key(self):
49      """ 程序退出循环 """
50      waiting = True
51      while waiting:
52          for event in pygame.event.get():
53              if event.type in [KEYDOWN, QUIT]:
54                  # 将最好成绩记录于文件
55                  self.write_data(self.high_score_dict)
56                  waiting = False
57                  # 退出游戏主逻辑循环
58                  self.running = False
59          self.clock.tick(FPS)
```

在项目代码中，任何需要使程序进入游戏结束窗体的位置，调用上面定义的 show_quit_screen() 方法即可。例如，在游戏通关后进入游戏结束窗体，则修改 Manager 类的 success_page() 方法，修改后的代码如下（注意：加底色的代码为新增代码）：

```
01  def success_page(self, event = False):
02      """ 通关恭喜窗体的事件监听与绘制 """
03      # 事件监听
04      if event:
05          if event.type == KEYDOWN:
06              # 下一关，组合键(Ctrl + N)
07              if event.key in [K_n, K_n - 62]:
```

```
08              if event.mod in [KMOD_LCTRL, KMOD_RCTRL]:
09                  self.lev_obj.frame_init(self)
10          # 退出,进入游戏结束窗体。组合键(Ctrl + Q)
11          if event.key in [K_q, K_n - 62]:
12              if event.mod in [KMOD_LCTRL, KMOD_RCTRL]:
13                  self.show_quit_screen()
14      if event.type == MOUSEBUTTONDOWN and event.button == 1:
15          mouse_x, mouse_y = event.pos
16          if (mouse_x - self.success_rec.left) in range(60, 320):
17              # 下一关
18              if (mouse_y - self.success_rec.top) in range(210, 260):
19                  self.lev_obj.frame_init(self)
20              # 退出
21              if (mouse_y - self.success_rec.top) in range(260, 310):
22                  self.show_quit_screen()
23      # 窗体绘制
24      else:
25          # 绘制恭喜通关图
26          self.screen.blit(self.success_sur, self.success_rec)
```

在中途退出游戏时进入游戏结束窗体,则修改Button类的listen_event_button()方法,修改后的代码如下(注意:加底色的代码为新增代码):

```
01  def listen_event_button(self, event):
02      """ 事件监听 """
03      # 键盘按下
04      if event.type == KEYDOWN:
05          # 强制游戏退出
06          if event.key == K_ESCAPE:
07              self.manager.running = False
08          # 改变按钮状态
09          if event.key == K_KP_ENTER or event.key == K_RETURN:
10              if event.mod in [KMOD_LCTRL, KMOD_RCTRL]:
11                  self.state_change()   # 修改游戏状态
12                  self.color_change()   # 修改按钮颜色
13          # 退出,进入游戏结束窗体。组合键(Ctrl + Q)
14          if event.key in [K_q, K_n - 62,]:
15              if event.mod in [KMOD_LCTRL, KMOD_RCTRL]:
16                  self.manager.show_quit_screen()
17      # 鼠标按下
18      if event.type == MOUSEBUTTONDOWN and event.button == 1:
19          # 改变按钮状态
20          if self.button_bg_switch:
21              self.is_down = True
```

```
22              self.state_change()        # 修改游戏状态
23      # 鼠标释放
24      if event.type == MOUSEBUTTONUP and event.button == 1:
25          if self.button_bg_switch:
26              self.is_down = False
27      # 鼠标移动事件
28      if event.type == MOUSEMOTION:
29          mouse_x, mouse_y = pygame.mouse.get_pos()
30          if self.button_rect.left < mouse_x < self.button_rect.right and \
                  self.button_rect.top < mouse_y < self.button_rect.bottom:
31              self.button_bg_switch = True
32          else:
33              self.button_bg_switch = False
```

游戏结束窗体效果如图14.9所示。

图14.9　游戏结束窗体

第15章

画图工具

——pygame + draw绘图对象实现

微软的Windows自带一款画图工具，它有绘制图案、设置颜色等众多功能，用户可以使用鼠标在画板中画画。本章将使用Python中的pygame模块开发一个类似Windows画图工具的软件，使用该软件，可以设置画笔的颜色、粗细，并能够在画板中随意绘制自己想要的内容；另外，该软件还提供橡皮功能，可以使用该功能擦除已经绘制的内容。

本章知识架构如下：

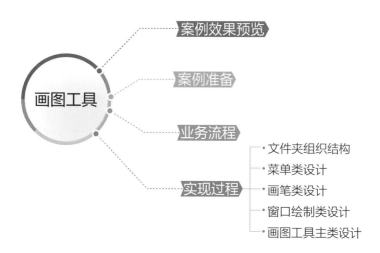

15.1 案例预览效果

根据对Windows画图工具主要功能的分析提取，要求画图工具应该具备以下功能：

☑ 可以选择画笔或者橡皮；

☑ 可以设置画笔的颜色；
☑ 可以设置画笔的粗细（即尺寸）；
☑ 能够使用橡皮擦除绘制的图形；
☑ 可以清除整个屏幕；
☑ 良好的人机交互界面。

画图工具的主要功能都集中在一个窗口上实现。在这个窗口中，默认选择的是画笔，用户在设置画笔颜色和尺寸时，可以在窗口左侧的矩形框中显示预览效果，选择完成后，即可在右侧画板中绘制图形；而如果选择橡皮，则可以擦除已经绘制的图形，另外，还可以按键盘上的Esc键盘，清空右侧的画板。画图工具主窗口效果如图15.1所示。

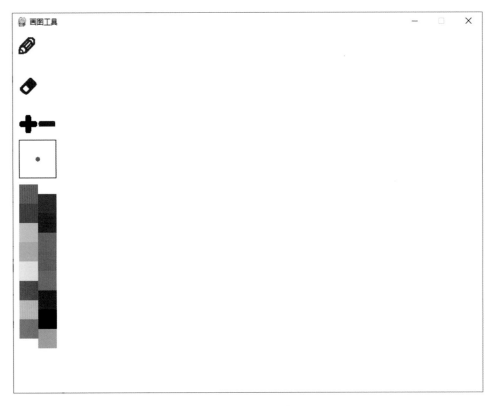

图15.1　画图工具主窗口效果

15.2　案例准备

本案例的软件开发及运行环境具体如下。

☑ 操作系统：Windows 7、Windows 8、Windows 10等。

☑ 开发语言：Python。
☑ 开发工具：PyCharm。
☑ Python 内置模块：os、sys、time、math。
☑ 第三方模块：Pygame。

15.3 业务流程

在开发画图工具前，需要先了解软件的业务流程。根据画图工具的主要功能设计出如图15.2所示的系统业务流程图。

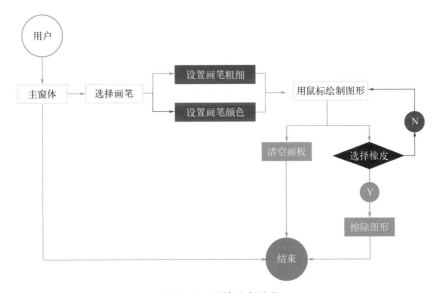

图 15.2 系统业务流程

15.4 实现过程

15.4.1 文件夹组织结构

画图工具的文件夹结构比较简单，主要包含一个用来保存资源图片的 img 文件夹和两个 .py 文件。其中 main.py 文件为主类文件，用来显示画图工具窗口；tools.py 文件为功能类文件，用来封装菜单类、画笔类和窗口绘制类。画图工具项目详细结构如图15.3所示。

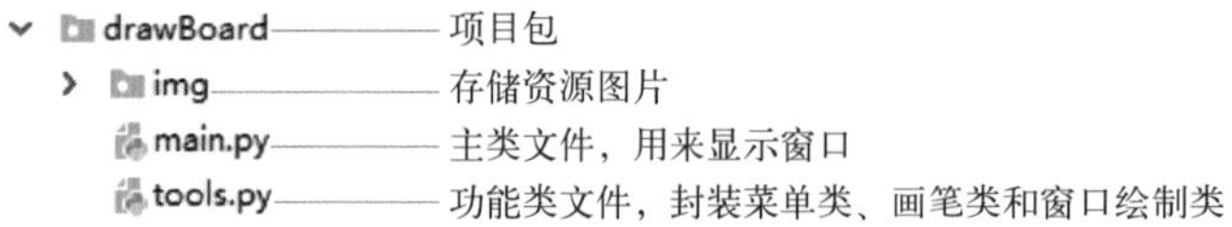

```
  v ▸ drawBoard ———————— 项目包
    > img ———————————— 存储资源图片
      main.py ——————————— 主类文件，用来显示窗口
      tools.py —————————— 功能类文件，封装菜单类、画笔类和窗口绘制类
```

图 15.3　文件夹组织结构

15.4.2　菜单类设计

菜单类的实现步骤如下：

① 画图工具中的菜单主要包括画笔图标、橡皮图标、增加或者减少画笔尺寸的图标、颜色块等，因此首先在 tools.py 功能类文件中创建一个 Menu 类，该类中，首先在 __init__ 构造方法中，对菜单进行初始化，代码如下：

```
01  def __init__(self, screen):
02      self.screen = screen    # 初始化窗口
03      self.brush = None
04      self.colors = [  # 颜色表
05          (0xff, 0x00, 0xff), (0x80, 0x00, 0x80),
06          (0x00, 0x00, 0xff), (0x00, 0x00, 0x80),
07          (0x00, 0xff, 0xff), (0x00, 0x80, 0x80),
08          (0x00, 0xff, 0x00), (0x00, 0x80, 0x00),
09          (0xff, 0xff, 0x00), (0x80, 0x80, 0x00),
10          (0xff, 0x00, 0x00), (0x80, 0x00, 0x00),
11          (0xc0, 0xc0, 0xc0), (0x00, 0x00, 0x00),
12          (0x80, 0x80, 0x80), (0x00, 0xc0, 0x80),
13      ]
14      self.eraser_color = (0xff, 0xff, 0xff) # 初始颜色
15      # 计算每个色块在画板中的坐标值，便于绘制
16      self.colors_rect = []
17      for (i, rgb) in enumerate(self.colors):   # 方块颜色表
18          rect = pygame.Rect(10 + i % 2 * 32, 254 + i / 2 * 32, 32, 32)
19          self.colors_rect.append(rect)
20      self.pens = [  # 画笔图片
21          pygame.image.load("img/pen.png").convert_alpha(),
22      ]
23      self.erasers = [  # 橡皮图片
24          pygame.image.load("img/eraser.png").convert_alpha(),
25      ]
26      self.erasers_rect = []
27      for (i, img) in enumerate(self.erasers):    # 橡皮列表
28          rect = pygame.Rect(10, 10 + (i + 1) * 64, 64, 64)
29          self.erasers_rect.append(rect)
30      self.pens_rect = []
```

```
31      for (i, img) in enumerate(self.pens):   # 画笔列表
32          rect = pygame.Rect(10, 10 + i * 64, 64, 64)
33          self.pens_rect.append(rect)
34      self.sizes = [   # 加减号图片
35          pygame.image.load("img/plus.png").convert_alpha(),
36          pygame.image.load("img/minus.png").convert_alpha()
37      ]
38      # 计算坐标，便于绘制
39      self.sizes_rect = []
40      for (i, img) in enumerate(self.sizes):
41          rect = pygame.Rect(10 + i * 32, 138, 32, 32)
42          self.sizes_rect.append(rect)
```

② 定义一个set_brush()函数，用来设置当前画笔对象，代码如下：

```
01  def set_brush(self, brush):   # 设置画笔对象
02      self.brush = brush
```

③ 定义一个draw()函数，用来实现绘制菜单栏的功能。在该函数中，首先使用screen对象的blit()函数绘制画笔图标、橡皮图标和+/-图标；然后使用pygame.draw对象的rect()函数分别绘制画笔预览窗口及颜色块。draw()函数实现代码如下：

```
01  def draw(self):   # 绘制菜单栏
02      for (i, img) in enumerate(self.pens):   # 绘制画笔样式按钮
03          self.screen.blit(img, self.pens_rect[i].topleft)
04      for (i, img) in enumerate(self.erasers):   # 绘制橡皮按钮
05          self.screen.blit(img, self.erasers_rect[i].topleft)
06      for (i, img) in enumerate(self.sizes):   # 绘制 +/- 按钮
07          self.screen.blit(img, self.sizes_rect[i].topleft)
08      # 绘制用于实时展示画笔的小窗口
09      self.screen.fill((255, 255, 255), (10, 180, 64, 64))
10      pygame.draw.rect(self.screen, (0, 0, 0), (10, 180, 64, 64), 1)
11      size = self.brush.get_size()
12      x = 10 + 32
13      y = 180 + 32
14      # 在窗口中展示画笔
15      pygame.draw.circle(self.screen, self.brush.get_color(), (x, y),
                        int(size))
16      for (i, rgb) in enumerate(self.colors):   # 绘制色块
17          pygame.draw.rect(self.screen, rgb, self.colors_rect[i])
```

④ 在Menu菜单类中定义一个click_button函数，主要用来为菜单栏中的各个图标按钮管理事件，以便在单击相应的图标按钮时，执行相应的操作。click_ button 函数实现代码如下：

```
01  def click_button(self, pos):
02      # 点击画笔按钮事件
03      # 点击加减号事件
04      for (i, rect) in enumerate(self.sizes_rect):
05          if rect.collidepoint(pos):
06              if i:  # i == 1, size down
07                  self.brush.set_size(self.brush.get_size() - 0.5)
08              else:
09                  self.brush.set_size(self.brush.get_size() + 0.5)
10              return True
11      # 点击颜色按钮事件
12      for (i, rect) in enumerate(self.colors_rect):
13          if rect.collidepoint(pos):
14              self.brush.set_color(self.colors[i])
15              return True
16      # 点击橡皮按钮事件
17      for (i, rect) in enumerate(self.erasers_rect):
18          if rect.collidepoint(pos):
19              self.brush.set_color(self.eraser_color)
20              return True
21      return False
```

15.4.3　画笔类设计

画笔类的实现步骤如下：

① 创建一个Brush类，作为画笔类，该类的__init__构造方法中，首先设置屏幕对象，然后对画笔的颜色、大小、位置、图标等信息进行初始化，代码如下：

```
01  def __init__(self, screen):
02      self.screen = screen  # 屏幕对象
03      self.color = (0, 0, 0)  # 颜色
04      self.size = 1  # 大小
05      self.drawing = False  # 是否绘画
06      self.last_pos = None  # 鼠标滑过最后的位置
07      self.space = 1
08      self.brush = pygame.image.load("img/pen.png").convert_alpha()
                          # 画笔图片
09      self.brush_now = self.brush.subsurface((0, 0), (1, 1))
                          # 初始化画笔对象
```

② 由于画图工具中同时提供了画笔和橡皮，因此，在进行图形绘制时，首先需要判断是否选择了画笔，这里可以通过一个全局变量self.drawing进行标识，而如果已经开始绘制，则需要记录鼠标最后经过的坐标位置。代码如下：

```
01  # 开始绘画
02  def start_draw(self, pos):
03      self.drawing = True
04      self.last_pos = pos  # 记录鼠标最后位置
05  # 结束绘画
06  def end_draw(self):
07      self.drawing = False
```

③ 定义一个get_current_brush()函数，用来获取当前使用的画笔对象，代码如下：

```
01  def get_current_brush(self):
02      return self.brush_now  # 获取当前使用的画笔对象
```

④ 定义一个set_size()函数，用来设置画笔的尺寸大小，其中，控制画笔的尺寸最小为0.5，最大为32。set_size()函数实现代码如下：

```
01  def set_size(self, size):  # 设置画笔大小
02      if size < 0.5:  # 判断画笔尺寸小于0.5
03          size = 0.5  # 设置画笔最小尺寸为0.5
04      elif size > 32:  # 判断画笔尺寸大于32
05          size = 32  # 设置画笔最大尺寸为32
06      self.size = size  # 设置画笔尺寸
07      # 生成画笔对象
08      self.brush_now = self.brush.subsurface((0, 0), (size * 2, size * 2))
```

⑤ 定义一个get_size()函数，用来获取画笔的尺寸大小，代码如下：

```
01  # 获取画笔大小
02  def get_size(self):
03      return self.size
```

⑥ 定义一个set_color()函数，用来设置画笔的颜色，具体实现时，首先记录选择的颜色，然后根据画笔的宽度和高度，使用选择的颜色显示画笔。set_color()函数实现代码如下：

```
01  # 设置画笔颜色
02  def set_color(self, color):
```

```
03        self.color = color  # 记录选择的颜色
04        for i in range(self.brush.get_width()):  # 获取画笔的宽度
05            for j in range(self.brush.get_height()):  # 获取画笔的高度
06                # 以指定颜色显示画笔
07                self.brush.set_at((i, j), color + (self.brush.get_at((i, j)).a,))
```

⑦ 定义一个get_color()函数，用来获取画笔的颜色，代码如下：

```
01  # 获取画笔颜色
02  def get_color(self):
03      return self.color
```

⑧ 定义一个_get_points()函数，该函数通过对鼠标坐标前一次记录点与当前记录点之间进行线性插值，从而获得一系列点的坐标，使得绘制出来的画笔痕迹更加平滑自然。_get_points()函数实现代码如下：

```
01  # 获取两点之间所有的点位
02  def _get_points(self, pos):
03      points = [(self.last_pos[0], self.last_pos[1])]
04      len_x = pos[0] - self.last_pos[0]
05      len_y = pos[1] - self.last_pos[1]
06      length = math.sqrt(len_x ** 2 + len_y ** 2)
07      step_x = len_x / length
08      step_y = len_y / length
09      for i in range(int(length)):
10          points.append(
11              (points[-1][0] + step_x, points[-1][1] + step_y))
12      # 对 points 中的点坐标进行四舍五入取整
13      points = map(lambda x: (int(0.5 + x[0]), int(0.5 + x[1])), points)
14      return list(set(points))  # 去除坐标相同的点
```

⑨ 定义一个draw()函数，用来执行绘制操作。该函数中，首先通过self.drawing判断是否开始绘画，如果值为True，则遍历鼠标开始位置和当前位置之间的所有点，使用pygame.draw对象的circle()实现绘制图形的功能，最后记录画笔最后的位置。draw()函数实现代码如下：

```
01  # 绘制动作
02  def draw(self, pos):
03      if self.drawing:  # 判断是否开始绘画
04          for p in self._get_points(pos):
05              # 在两点之间的每个点上都画上实心点
06              pygame.draw.circle(self.screen, self.color, p, int(self.size))
07      self.last_pos = pos  # 记录画笔最后位置
```

15.4.4 窗口绘制类设计

窗口绘制类的实现步骤如下：

① 创建一个Paint类，作为窗口绘制类，该类的__init__构造方法中，首先设置窗口大小和标题，然后分别通过Brush类和Menu类的构造方法创建画刷对象和窗口菜单，最后调用Menu对象中的set_brush()函数设置默认画刷。Paint类的__init__构造方法代码如下：

```
01  def __init__(self):
02      self.screen = pygame.display.set_mode((800, 600))  # 显示窗口
03      pygame.display.set_caption("画图工具")  # 设置窗口标题
04      self.clock = pygame.time.Clock()  # 控制速率
05      self.brush = Brush(self.screen)  # 创建画刷对象
06      self.menu = Menu(self.screen)  # 创建窗口菜单
07      self.menu.set_brush(self.brush)  # 设置默认画刷
```

② 在画图工具的主窗口中绘制完图形之后，按键盘上的Esc键，可以清空画板，该功能主要通过自定义的clear_screen()函数实现。该函数中，使用screen对象的fill()函数以白色填充画板，从而实现清空画板的效果。clear_screen()函数实现代码如下：

```
01  def clear_screen(self):
02      self.screen.fill((255, 255, 255))  # 填充空白
```

③ 在Paint窗口绘制类中自定义一个run()函数，用来启动初始化之后的超级面板主窗口。该函数中，首先清空画板；然后以每秒执行30次的频率对画板进行更新，以便能够实时显示用户在画板中的操作；最后遍历所有事件，并根据触发的事件类型，执行相应的操作。run()函数实现代码如下：

```
01  def run(self):
02      self.clear_screen()  # 清除屏幕
03      while True:
04          # 设置fps，表示每秒执行30次（注意：30不是毫秒数）
05          self.clock.tick(30)
06          for event in pygame.event.get():  # 遍历所有事件
07              if event.type == QUIT:  # 退出事件
08                  return
09              elif event.type == KEYDOWN:  # 按键事件
10                  # 按Esc键清空画板
11                  if event.key == K_ESCAPE:  # Esc按键事件
12                      self.clear_screen()
13              elif event.type == MOUSEBUTTONDOWN:  # 鼠标左键按下事件
```

```
14                    # 未点击画板按钮
15                    if ((event.pos)[0] <= 74 and self.menu.click_button(event.pos)):
16                        pass
17                    else:
18                        self.brush.start_draw(event.pos)  # 开始绘画
19                elif event.type == MOUSEMOTION:  # 鼠标移动事件
20                    self.brush.draw(event.pos)  # 绘画动作
21                elif event.type == MOUSEBUTTONUP:  # 鼠标左键松开事件
22                    self.brush.end_draw()  # 停止绘画
23            self.menu.draw()
24            pygame.display.update()  # 更新画板
```

说明：上面的代码中用到了鼠标相关的事件，因此需要先从pygame模块中导入事件，代码如下：

```
from pygame.locals import QUIT, KEYDOWN, K_ESCAPE, MOUSEBUTTONDOWN,
MOUSEMOTION, MOUSEBUTTONUP  # 导入事件
```

15.4.5 画图工具主类设计

画图工具主类的实现步骤如下：

① 创建一个main.py文件，作为项目的主类文件，该文件中，为了省去用户手动安装pygame模块的麻烦，直接在代码中执行安装pygame模块的命令。具体实现时，首先导入pygame模块，如果没有发现该模块，则使用os模块的system()函数执行安装pygame模块的命令进行安装；然后导入tools模块，代码如下：

```
01  # 导入pygame
02  try:
03      import pygame
04  except ModuleNotFoundError:
05      print('正在安装pygame，请稍等...')
06      os.system('pip install pygame') # 安装pygame模块
07  import tools # 导入tools模块
```

② 为了能够更好地运行画图工具程序，在main.py主类文件中实现了检测Python版本号的功能，使用sys模块的version_info属性获取到本机安装的Python版本号，判断主版本号是否小于3，如果小于，则打印提示信息，并退出程序。代码如下：

```
01  # 检测Python版本号
02  __MAJOR, __MINOR, __MICRO = sys.version_info[0], sys.version_info[1],
```

```
sys.version_info[2]
03  if __MAJOR < 3:
04      print('Python版本号过低，当前版本为 %d.%d.%d，请重装Python解释器' %
              (__MAJOR, __MINOR, __MICRO))
05      time.sleep(2)
06      exit()
```

③ 在main.py类文件的主函数中，创建Paint窗口绘制类的一个对象，然后使用该对象调用run()函数，即可显示画图工具的主窗口，代码如下：

```
01  if __name__ == '__main__':
02      # 创建Paint类的对象
03      paint = tools.Paint()
04      try:
05          paint.run()    # 启动主窗口
06      except Exception as e:
07          print(e)
```